지금
당장
기후
토론

우리는 서로의 지구니까
지금 당장 기후 토론

초판 1쇄 펴낸날 | 2022년 9월 5일
초판 3쇄 펴낸날 | 2023년 4월 26일

지은이 | 김추령
그린이 | 핀조
펴낸이 | 홍지연

편집 | 홍소연 고영완 이태화 전희선 조어진 서경민
디자인 | 권수아 박태연 박해연
마케팅 | 강점원 최은 신종연 김신애
경영지원 | 정상희 곽해림

펴낸곳 | ㈜우리학교
출판등록 | 제313-2009-26호(2009년 1월 5일)
주소 | 04029 서울시 마포구 동교로12안길 8
전화 | 02-6012-6094
팩스 | 02-6012-6092
홈페이지 | www.woorischool.co.kr
이메일 | woorischool@naver.com

ISBN 979-11-6755-062-0 43400

• 책값은 뒤표지에 적혀 있습니다.
• 잘못된 책은 구입한 곳에서 바꾸어 드립니다.

만든 사람들
편집 | 홍소연
교정 | 한지연
디자인 | 스튜디오 헤이,덕

지금 당장 기후 토론

김추령 지음

우리학교

차례

주제 2

숲: 숲의 가치는 탄소 중립에 있을까?

주제 3

갯벌과 논 습지: 벼농사가 온실가스를 배출한다면 쌀 생산을 줄여야 할까?

주제 4

지구 공학: 탄소 포집 기술은 기후변화의 해결책일까, 그린워싱일까?

주제 5

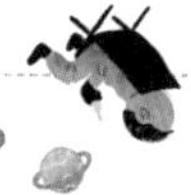

우주: 기후 위기 시대에 우주여행이 꼭 필요할까?

주제 6

원자력: 원자력과 재생에너지는 함께할 수 없을까?

여는 글

이 책은 앞으로 100년 동안 우리가 반드시 해야 할 일에 관한 책입니다

안녕하세요? 저는 이 책의 이야기를 이끌어 갈 이야기꾼입니다. 먼지처럼 떠도는 이야기, 파도처럼 술렁이는 이야기, 작은 것들이 속삭이는 이야기부터 크고 무거운 존재가 던지는 이야기까지 지구 곳곳의 수많은 이야기를 쫓는 사람이지요.

행성 지구는 지금 위기에 처해 있습니다. 지구 시스템은 우리가 상상하는 것 이상으로 복잡합니다. 여러 되먹임 작용들이 우리가 배출한 온실가스보다 지구의 기온을 더 올릴 수도 있어요. 빙하 면적이 줄면 태양 복사에너지 반사량이 줄어 북극 기온이 올라가고, 기온이 올라가면 다시 빙하 면적이 줄어들고, 다시 기온은 더 올라가는, 마치 구간 반복 동영상처럼 무한 반복되는 되먹임. 이 되먹임은 빙하, 숲, 바다, 토양 등 지구 곳곳에서 지금도 일어나고 있습니다.

게다가 지구 온도가 계속 오르면 생태계 시스템이 우리의 노력으로는 돌이킬 수 없는 급변점에 이를 수도 있습니다. 마치 젠가가 한순간 무너지듯 회복 불가능해져 버릴 수 있죠.

이러한 위험 때문에 과학자들은 산업화하기 전의 지구 온도보다 1.5도 이상 올라가지 않도록 해야 한다고 말합니다. 하지만, 2021년 여름 IPCC에서 발표한 6차 정기 보고서에 따르면, 전 세계가 "참 잘했어요!"라는 칭찬을 받을 만큼 기후변화를 열심히 막아도 지구 온도가 1.5도를 넘어 1.6도가 되었다가, 2100년이 되어서야 1.4도로 서서히 낮아질 거라고 해요.

1.09도가 상승한 지금, 일기예보에는 '100년 만에 처음 있는 홍수', '역사상 최악의 가뭄', '지금껏 최악의 태풍', '100년 만의 최악의 폭염' 등 '역사상 최악', '100년 만에'라는 기록 퍼레이드가 벌어지고 있어요. 그런데 최선을 다한 노력에도 여전히 지금보다 온도가 상승하고, 넘지 말아야 하는 1.5도를 넘길 수도 있다니!

이 책을 읽는 청소년 독자들은 태어나 보니 기후 위기였습니다. 그런데 죽을 때까지도 여전히 지구는 기후 위기라는 것입니다. 말 그대로 기후 위기 세대입니다. 그래서 우리는 100년을 버텨야 합니다. 100년 동안 서로를 잃어버리지 말아야 합니다.

그리고 반드시 찾아올, 평화로운 지구로 지켜 내야 합니다.

그러니 더 열심을 다 해야겠지요. 그런데 위기라서 그럴까요? 기후변화를 막기 위한 여러 해결책에 대해 이런저런 다양한 목소리들이 쏟아져 나오고 있어요. 때로는 아주 차이가 큰 입장들도 있어요.

사실 여러 주장이나 논쟁에 정해진 답은 없습니다. 때로는 과학적 사실로만 판단할 수 없는 논쟁들도 있어요. 사회 경제 문화 등 여러 문제도 고려해야 하고, 여러분들이 무엇을 최상의 가치로 두느냐에 따라 같은 사실도 풀어내는 길이 달라질 수 있어요.

오늘날 현실 세계에서는 불행히도 이런 입장 차가 잘 좁혀지지 않고 있습니다. 그래서 더욱 앞으로 100년의 주인이자 미래 세대인 청소년들이 나서야 합니다. 어른들은 때로는 내 편인지 남의 편인지 미리 편을 갈라놓고서 현상을 분석하고, 사실을 나타내는 데이터조차도 그 편향된 시선으로 읽고는 합니다. 이미 오랫동안 사회 속에서 이리저리 얽히며 살아오느라 여러 이해관계에서 자유롭지 못한 듯합니다.

미래 세대가 논쟁을 풀어나가는 방식은 달라야 합니다. 먼저 잘 들어야 해요. 서로에게 귀 기울이면, 함께할 수 있는 부분은 무엇이고 절대로 양보해서는 안 되는 부분은 무엇인지 가릴 수 있습니다. 가능한 한 많은 부분은 함께하고, 또 절대로 양보할 수 없는 부분은 포기하지 말고 꾸준히 대화해야지요. 지구라는 한배를 탄 우리는 서로를 더 많이 이해하고, 더 많이 안아주며 이 위기를 버틸 힘을 길러야 합니다. 혹시 상대방의 말을 잘 듣는 게 아직 익숙하지 않나요? 괜찮아요. 자꾸 들으면 돼요. 운동으로 내가 원하는 근육을 키우듯, 잘 들으려 노력하다 보면 듣는 근육이 생긴답니다.

이 책은 정답을 알려주지 않아요. 하지만 답을 찾는 길을 만들어 두었어요. 그 길을 따라가면서 여러분의 생각이 이렇게 흘렀다가 저리로 쏠려가기도 하면서 알쏭달쏭했으면 합니다. 그런 과정에서 서서히 나도 몰랐던 내 안의 생각이 자라나고, 그 생각이 지구를 위기에서 구하는 길과 연결되어 반짝반짝 불이 들어오는 걸 발견할 것입니다.

이야기로 풀어나가다 보니 구체적인 숫자나 데이터, 배경지식이 흐름을 끊을까 봐 작은 번호를 붙여서 각 장 끝에 한데 모아 두었어요. 글을 다 읽고 봐도 좋고, 궁금할 때마다 번호를 따라가서 확인해도 좋아요. 끌리는 대로 하면 돼요. 이 책은 이야기책이니까요.

그래요. 이 책은 앞으로 100년 동안 우리가 반드시 해야 할 일에 관한 이야기책입니다. 100년 후 지구와 지구의 모든 것들과 그 후로 오래도록 지속할 평화를 위한.

마지막으로 이 책이 나오기까지 이야기꾼에게 각별한 도움을 주신 윤정은 선생님, 이순숙 선생님께 감사의 마음을 전합니다.

자, 이제 이야기를 시작할 테니 귀 기울여 들어볼까요?

폭염경보와 호우경보가 요란했던

2022년 여름을 지나며

김추령

주제 1

기후 정의

기후 위기는 누구의 책임이며
우리는 무엇을 해야 할까?

안녕하세요, 이야기꾼입니다. 첫 번째 이야기는 기후 정의에 관한 것입니다. 기후 위기를 막으려면 탄소 배출량을 줄여야 하죠. 전 세계가 전 지구적으로 탄소 중립을 이루어야 해요. 그러려면 산업구조부터 일상생활까지 많은 부분을 바꿔야 하는데 부자와 가난한 사람에게, 선진 산업국가와 저개발 국가에게 똑같은 기준을 요구해도 될까요? 또 기후 위기로 피해를 입은 이들에겐 누가 어떻게 보상을 해야 할까요? 이처럼 기후 위기는 우리에게 '정의'를 고민하게 만들어요. 기후 위기의 공정한 해법에 대해 이야기를 나누어 볼까요?

이야기 하나, 파차마마 행성에서 추방된 테이티오타

때는 바야흐로 역병이 세상을 휘감고 있을 무렵이었다. 역병은 행성 파차마마[1]의 초기 생명체 C29에서 비롯된 것이었다. 거주자들은 수군거렸다. 환경 파괴에 대한 행성 파차마마의 응징이 아닌가 하고.

행성 거주자들은 병들었고, 죽어 갔다. C29는 뛰어난 생존 전략을 지니고 있었다. 스스로 생명 활동을 하는 것이 아니라 적당한 숙주에 기생해 복제되고 재생산되었다. 주로 코와 입의 점막에 기생하며 공기를 통해 이동, 전파되어 숙주가 된 행성 거주자들은 감기처럼 역병을 앓았다. 평소 영양 상태가 좋은 거주자들은 병을 앓고 난 뒤에 회복이 되기도 했으나 그렇지 않은 거주자들은 죽음을 피할 수 없었다. 오염된 시신은 분쇄해 고분자 플라스틱과 함께 반죽한 다음 고체화 처리를 했다. 과거에는 탄화수소 화합물을 연료로 사용해 시신을 태웠으나, 연료 부족에 더해 연소로 발생한 탄소화합물 가스가 파차마마 기온에 영향을 주는 바람에 그 방식은 더 이상 사용하지 않았다.

행성은 점점 시들어 갔다. 아무도 웃지 않았다. 파차마마 당국에서 거주자들의 입과 코를 봉쇄해 버리라는 명령이 떨어졌다. 그 결과 신체를 이용한 직접 소통이 차단되고 영상 정보와 음성 정보만을 수신할 수 있는 상태가 되었다. 가상 세계를 통한 접촉만이 유일한 소통 수단이 되었다. 갓 태어나 스스로 보행할 수 없는 영아나 유아에게도 명령은 지켜져야 했다.

소통 부족으로 행성 거주자들 사이에선 오해와 불신이 쌓여 갔다. 물리적인 경계선보다 더 높고 배타적인 또 다른 불신의 장벽이 형성되었다. 오해와 불신에서 비롯된 분쟁은 가상 세계의 소요 사태로 확산되며 점점 걷잡을 수 없는 상태가 되어 갔다. 가상 세계는 수차례 전쟁을 치르며 해킹과 악성 바이러스로 파괴되고 오염되어 갔다. 거주자들은 암호 프로토콜이 보호하는 대화 채널을 가까스로 지켜 내고 있었으나, 부족한 대화 채널은 더 깊은 오해와 불신을 낳았다.

"아무도 믿지 마라."

"누구도 너의 친구가 아니다."

행성 거주자들은 역병을 막을 수 있는 백신이 개발되기만을 손꼽아 기다렸다. 사체 덩어리들은 과거 탄화수소 화합물을 생산했던 동굴에 차곡차곡 쌓여 갔으나 그 수를 감당할 수 없었다. 공동체는 파괴되어 갔고, 세상에는 부적과 주술이 난무했다. 시간이 거꾸로 흐르는 것처럼 문명은 퇴행했고, 사라지는 문명과 함께 공동체에서 굳건할 것 같던 윤리는 순식간에 무너졌다. 누구도 믿을 수 없던 그들은 더욱더 폐쇄적인 커뮤니티를 만들다 결국에는 거주지를 철저히 고립시키는 방법을 선택했다. 돔을 건설한 것이다. 돔은 겉으로는 확산되는 역병을 막기 위한 국경 봉쇄였지만, 신뢰가 무너진 세계의 상징이었다. 그리고 예상되었던 것처럼, 돔 안에도 다시 역병이 돌았다. 오히려 폐쇄된 돔은 역병이 돌기에 최적의 상태여서 손써 볼 새도 없이 커뮤니티 돔 전체에 퍼져 버렸다.

때마침 역병을 막기 위한 백신이 개발되었다. 유례없이 파차마마 당국의 긴급 승인이 이루어졌다. 돔 안에도 백신이 공급되었다. 역병에서 벗어날 수 있다는 희망이 싹텄다. 백신 접종 속도는 빨랐다. 행성 거주자들은 곧 돔의 문을 열고 다시 입과 코를 개방하고서 마음껏 떠들고 웃고 이야기할 수 있는 날을 그렸다. 희미한 미소와 함께 여유와 관용도 회복되는 듯했다. 그런데 커뮤니티의 변방에 다 쓰러져 가는 움막집에서 변종 역병에 걸려 사망한 거주자가 생겼다. 백신은 변종 역병에 소용이 없었다. 변이가 아니라 새로운 변종이었기 때문이다.

"그에게 백신을 주사하지 않은 거야?"

"왜 변종이 생겼을까? 왜?"

하지만 다들 알고 있었다. 백신은 충분하지 않았고, 고가였다. 백신을 구입해 주사할 수 있는 거주자들은 자기와 가족의 몫을 챙기는 데 급급했다. 물론 그들은 백신을 구입하지 못하는, 쓰러져 가는 작고 낡은 집에 사는 자가 있다는 것을 알았다. 심지어 그자가 백신을 무료로 받을 방법이 없겠냐며 보건 센터 앞을 배회하는 모습도 여러 번 보았다. 사회보장제도 쿠폰으로 구입할 수 있게 해 달라고 청하는 장면도 여러 번 보았다. 그러나 나서서 그자의 편을 들어 주는 거주자는 아무도 없었다.

역병이 사라진 새로운 세상을 준비하던 이들이 신종 역병에 걸려 다시 시름시름 앓기 시작했다. 역병을 일으키는 원인을 한꺼번에 없애지 못해 변종 역병은 이전보다 더 강력했다. 미처 손을 쓸 새도 없이 순식간에 질병이 번져 나갔다. 세상은 다시 잿빛으로 변했고, 웃음이 사라졌으며, 재난 상황이라는 생각에 시장의 생필품은 동이 나고 말았다. 처음보다 두 번째는 더 힘들었다.

그때 커뮤니티 돔을 다스리는 자치회의 최고 위원이 고대의 문서에서 해결책을 찾았다고 외쳤다. 인신 공양. 행성 거주자를 제물로 바쳐 신의 노여움을 푼다는 것이다. 인신 공양은 고대의 종교 경전에도 등장한다. 아스테카왕국의 신에게 심장을 내놓았던 전쟁 포로들, 뱃사공들이 바다에 던져 버린 요나, 조선의 심청까지 희생양은 시대와 동서양을 막론하고 세상의 끝에서 만나는 해법이었다.

거주자들이 모였다. 믿기 어렵게도 야만성은 주술과 함께 지혜로 둔갑했다.

"가장 죄 많은 자를 찾아 제물로 바쳐야 한다."

"그를 커뮤니티에서 추방해야 한다."

닉네임 'SOM'이라는 이가 제물로 지목되어 추방 명령을 받았다.

"이름은?"

"테이티오타."

"고향은?"

"키리바시."

"대양에 있었다던 섬?"

과거형의 말을 들은 테이티오타는 체념한 듯 입을 닫았다. 그의 머릿속에서는 그동안 일어났던 일들이 영화처럼 돌아갔다.

가상공간의 여기저기에 피켓과 현수막이 걸리기 시작하던 때부터였다.

"속죄양이 필요해. 우리를 구하소서."

염원은 실시간으로 복제되어 무한하게 늘어났다.

"커뮤니티의 종말을 멈추기 위해 우리 중 가장 큰 죄를 지은 자를 찾아내야 해."

"아무도 강제해서는 안 돼. 자발적으로 자기 이야기를 하는 거지. 그 이야기가 솔직한지 아닌지 우리 모두가 판단하면 돼."

"내가 먼저 하지. 다들 잘 알고 있으리라 생각해. 난 탄화수소 화합물을 정제해서 공급해 왔어. 정제를 아주 잘해서 연비가 좋았지. 그래서 팔리기도 많이 팔렸고. 이 돔 안에서 내가 만든 탄화수소 화합물을 쓰지 않은 사람은 없었어. 이 돔이 생기기 전부터 이 일을 해 왔으니까 신용이 그만큼 있었던 거지. 물론 우리 제품을 자랑하려는 것은 아니야.

나는 지금 죄를 고백하는 중이야. 내가 공급한 탄화수소 화합물 때문에 행성 파차마마가 거주 불능 상태가 된 건 맞아. 기후변화가 역병을 만들어 냈고, 재해와 역병이 일상이 되어 버렸지. 바로 내가 정제해서 판 에너지원 탓이라고 과학자들이 밝혔어. 탄화수소 화합물은 기계를 돌리고 자동차를 운행하고 발전소를 움직였어. 그와 함께 가스 상태의 탄소가 대량으로 뿜어져 나와 파차마마의 기후 시스템이 엉망이 되었지.

맞아, 내가 탄화수소 화합물을 팔았어. 그러니 죄가 크지. 아무리 내가 판매한 탄화수소 화합물 덕에 파차마마에서 어둠을 몰아내고 기아와 추위를 몰아내고 위대한 문명을 이룩할 수 있었다고 하더라도 죄는 죄잖아. 뭐, 사실 농사, 옷, 먹을 것, 뭐 하나 우리 제품이 관여하지 않은 분야가 없었지. 그만큼 내 죄가 크다고 할 수 있어. 가장 넓은 지역에 가장 많은 사람들에게 혜택이 돌아가도록 한 나의 죄가 결코 적지 않아."

"무슨 말이에요? 당신이 없었다면 우리가 여태껏 어떻게 살았을지 생각해 봐요. 거꾸로 그 이야기는 우리도 당신과 똑같은 죄를 지었다는 것밖에 안 돼요. 당신이 공교롭게도 탄화수소 화합물을 정제해 판매한 것은 맞지만, 그걸로 당신이 돈을 많이 번 것도 사실이지만, 그 덕에 우리가 이렇게 돔을 짓고 공기 정화 시스템을 돌리고 인공조명을 쓰고 냉난방을 하고 살고 있어요. 우리는 그걸 한 번도 잊은 적이 없어요. 당신의 죄를 인정하면 우리도 모두 죄인이 되는 거예요. 당신은 죄가 없어요. 너무 양심적인 것이 죄라면 죄겠네요. 인정할 수 없어요."

"인정할 수 없다!"

"인정할 수 없다!"

"음, 이런 이야기를 안 하게 되길 바랐는데, 그래도 다 해야 한다고 하니……. 나도 죄를 지었어. 난 처음부터 커뮤니티 돔에 있지 않았잖아? 커뮤니티 돔에 처음 이주해 왔을 때, 집을 지을 만한 곳을 물색했어. 집을 지을 만한 곳을 찾기가 쉽지는 않았지. 그런데 마침 나무가 많이 자라고 있는 울창한 숲이 눈에 띄었어.

나는 나무를 베었어. 집을 지을 목재도 있어야 하니 주변의 나무도 조금 더 베었어. 집을 다 짓고 보니 나무가 남아서 또 집 위에 집을 이어서 지었어. 높게, 높게. 땔감도 필요해서 나무를 좀 더 베었어. 먹을 식량을 길러야 해서 나무를 또 베어 농토를 만들었어. 나무를 베어서 시장에 가지고 나가니 돈이 되더라고. 그래서 나무를 더 베었어. 집에 의자를 들여놓아야 했고, 위성안테나도 설치해야 했고, 음식을 금방 데워 먹고 일하러 나가려고 마이크로 오븐도 놓았지. 난 위가 약해서 차가운 음식을 먹으며 탈이 나거든. 그래서 나무를 다시 베었고, 자꾸 베고 또 베었어. 내가 죄를 지은 거 맞지? 숲을 몽땅 베어 버렸거든."

"나무를 베어 내고, 게다가 많이 베어 낸 것은 잘한 일은 아니야. 하지만 숲을 몽땅 베어 내고 나니 넓은 마을 터가 생겼잖

아. 너는 그곳에다 높은 집을 짓고 여러 사람들에게 한 층씩 팔았지. 물론 돈은 받았지만. 그러니까 나무를 베어다 버린 게 아니라 유용하게 쓴 거잖아? 덕분에 여러 사람이 안락하게 살 수 있었지. 그러니 큰 죄라고 할 수 없다고 생각해. 난 반대야. 인정할 수 없어."

"인정할 수 없다!"

"인정할 수 없다!"

"나? 큼큼. 나는 크게 죄를 지었다고는 생각하지 않지만 그래도 죄를 안 지은 건 아니야. 아니, 뭐, 그래. 죄를 지었어. 난 최근에 와서야 돈을 좀 벌기 시작했어. 다들 잘 알 거야. 아직 나는 큰 부자도 못 되었어. 난 물건을 잘 만들어. 뭐든지 가지고만 오면 그대로 똑같이 만들 수 있어. 처음에 이걸 시장에 내놓았을 때는 반응들이 별로였어. 하지만 곧 소문이 났어. 내 물건은 진짜와 똑같지는 않지만 가격은 진짜와 비교해 턱없이 쌌거든. 그래서 많이 팔리기 시작했지. 그러다 보니 물건 만드는 실력이 늘어서, 이제는 진짜보다 더 좋은 물건들을 만들게 됐어.

그러느라 난 탄화수소 화합물을 많이 썼어. 아주 많이. 거주지의 굴뚝에서는 날마다 검은 연기가 나왔지. 처음에는 굴뚝 하나로 충분했지만, 팔려 나가는 속도에 맞춰 물건을 만들다 보니 더 많은 굴뚝이 필요했어. 굴뚝에서 검은 연기가 계속 나왔어. 내 죄는 어때?"

"검은 연기가 문제긴 해. 하지만 잘 생각해 봐. 우리도 네가 만든 물건들을 잘 사다 썼잖아. 검은 굴뚝에서 만들어 파는 물건을 안 산 사람이 있나? 너는 어쩌면 우리를 위해 물건을 만들었다고도 할 수 있네. 열심히 일해서 물건을 만들고, 손재주가 좋아서 좋은 물건을 만들어 싸게 판 것을 죄라고 할 수는 없지. 게다가 너는 오래전에는 탄화수소 화합물을 쓸 만한 형편도 아니었잖아. 최근에 와서 그렇게 된 것이니까 너한테 죄가 있다고 인정할 수 없지."

"인정할 수 없다!"

"인정할 수 없다!"

"나도, 나도 검은 굴뚝과 비슷한 이야기를 해야겠어. 하지만 검은 굴뚝보다 물건을 많이 만들어 팔지는 않았어. 나는 최근에 와서야 물건들이 좀 팔리고 있거든. 하여튼 나도 비슷하게 굴뚝을 세우고 연기를 내보내고 있어. 하지만 난 식구가 너무 많아. 많은 식구들을 먹이려면 연기를 이 정도는 내보내야 해. 우리는 아직 굴뚝 수도 저자보다 훨씬 적어.

그래서 아직도 우리 식구 중에는 충분히 먹지 못하는 자가 있어. 부엌일을 담당하는 자나, 쓰레기를 치우는 자나, 세탁을 하는 자나, 소나 닭을 잡는 자들은 충분히 먹지 못하고 있어. 앞으로도 난 부지런히 물건을 만들어야 해. 그래야 그자들도 먹여 살릴 수 있거든. 부양해야 할 식구들이 많다 보니 어쩔 수 없이 검은 연기를 내보내고 있지."

많은 거주자들이 자기들이 커뮤니티 돔에서 벌여 온 일들을 이야기했지만 번번이 죄가 아니라는 결론이 내려졌다.

"아직 희생 제물을 찾지 못했어."

"저기 저자의 이야기를 들어 봐야 해."

지목받은 자는 가상 이미지 대신 실사 사진을 사용하고 있었다. 사진 속 그는 두툼한 콧방울과 튀어나온 광대 덕에 눈이 쭉 찢어져 보였다. 머리카락은 고불거리고 까맸으며, 머리카락 색

만큼 피부도 짙은 갈색이었다. 아마도 커뮤니티 돔 입주 이전에는 자외선을 상당히 많이 쬐고 살았던 듯했다.

"나? 내 차례라고? 난 굴뚝도 없고, 검은 연기를 내보지도 않았고, 물건을 만들어 팔지도 않았고, 집을 크고 높게 짓지도 않았어. 그래서 솔직히 너희 이야기를 들으면서 내 죄가 뭘까 기억을 한참 더듬었어. 그러다가 기억이 났어. 그래, 나는 죄를 지었어. 커뮤니티 돔에 들어오기 전의 일이야. 고향에서의 일. 나도 나무를 베었어. 집을 지었어. 딱 한 칸짜리 아주 조그만 집을 지었어. 나무를 딱 한 그루 베어 냈고, 그 자리에 나무둥치만 한 아주 작은 집을 하나 지었어.

난 돈이 없었어. 그래서 발전소의 전깃줄도 그 작은 집에는 들어오지 않아. 그런데 집에 물이 차올랐어. 태풍이 불 때. 요즘 기후변화로 바다가 높아졌어. 그래서 태풍이 불면 집이 물에 잠겨. 집이 바닷물에 떠내려갈 것처럼 태풍이 불던 날, 탄화수소 화합물을 써서 발전기를 돌렸어. 양동이로 열심히 물을 퍼냈지만 도저히 차오르는 속도를 따라갈 수가 없더라고. 그래서 그날 딱 한 번 검은 연기를 내보냈지. 디젤 발전기가 돌아가니 퉁퉁투퉁 하며 검은 연기가 쿨

럭쿨럭 나왔어. 그리고 다행히 양수 펌프가 움직였지. 나무둥치만 한 집이 간신히 떠내려가지 않았어. 나는 딱 한 그루 나무를 베었고, 딱 한 칸 집을 지었고, 물에 잠기려는 집을 구하려 디젤 발전기를 돌렸어. 딱 한 번."

"뭐? 디젤발전기를 돌렸다고? 아니, 우리에게 물건을 만들어 주려던 것도 아니고, 많은 식구들을 먹여 살리려던 것도 아니고, 우리에게 에너지원을 제공하려던 것도 아닌데, 디젤발전기를 돌렸다고? 너, 죄를 지었네."

"죄를 지었네. 저자네. 저자가 커뮤니티에서 가장 큰 죄를 지은 자다! 추방해야 한다!"

"고대의 비법에 따라서 죄를 물어 추방해야 해. 그게 우리 커뮤니티를 살릴 방법이야."

"추방하라! 추방하라!"

파차마마 행성 위원회에서 나온 이가 테이티오타에게 물었다.

"마지막으로 할 말은?"

"섬으로 돌아가라고? 고향 섬의 상점들은 이미 문을 닫았는데, 섬 거주자들은 더 이상 집을 짓지 않는데, 섬의 땅은 소금기에 절어 더 이상 카사바도 키워 내지 못하는데, 파도에 뿌리가 약해진 야자나무는 바다에 누워 버렸는데, 단단한 땅을 밟지 못한 가축들은 더 이상 살찌지 않는데, 어떻게 살아야 하지?

역병이 지나간다 해도 아이들은 물이 차오른 웅덩이에서 공을 차야 해. 그 애들이 청년이 된 후에도 섬이 남아 있을까? 진짜 내가 큰 죄를 지은 거야? 탄화수소 화합물 에너지원을 팔아 세상의 기온을 올린 회사보다, 거대한 집을 지으려 숲의 나무를 모조리 베어 버린 자보다, 굴뚝에서 검은 연기를 쉴 새 없이 내뿜는 그들보다 내가 더 큰 죄를 지은 게 맞다는 거지?"

"……."

"추방하라!"

"추방하라! 추방하라!"

이야기 둘, 순식간에 기후 빌런이 된 나라, 인도

이야기꾼입니다. 방금 들려준 이야기는 실존 인물인 이오아네 테이티오타 씨를 모티브로 했어요. 남태평양 섬나라 키리바시의 주민 테이티오타 씨는 일자리를 찾아 2007년 뉴질랜드로 왔죠. 부인과 함께 일하며 아이를 세 명 낳고 기르던 그에게 2015년 다시 키리바시로 돌아가라는 추방 명령이 떨어졌습니다.

테이티오타 씨는 가라앉고 있는 섬, 기후 위기로 없어질 위험에 처한 나라에서는 아이들에게 미래를 보장해 줄 수 없다며 기후 난민 신청을 했지만 뉴질랜드 정부는 이를 받아들이지 않았어요. 해수면이 높아져 식수가 부족하지만 아예 마실 물이 없지 않고, 소금기 탓에 작물 재배가 어렵지만 전적으로 농사가 불가능하지 않고, 섬이 물에 잠길수록 광범위한 인구 이동이 일어나겠지만 전쟁처럼 폭력적 상황에 내몰리지 않았으니 난민으로 인정할 수 없다고요. 위험하다는 건 인정하지만 이 위험이 '임박'하지 않았다는 게 이유였습니다.

테이티오타 씨 사정이 딱하네요. 기후 위기가 점점 심각해지는 지금, 딱한 처지에 있는 사람은 테이티오타 씨 한 명만이 아닙니다. 기후변화가 불러온 자연재해와 이로 인해 불안정해진 국내 정치 상황 때문에 살던 곳을 떠난 기후 난민들의 수가 2017년에만 약 1880만 명이었다고 해요.[2] 이들을 누가 어떻게 도와야 할까요?

현재 기후 위기로 가장 큰 피해를 입고 있는 국가는 잠비아, 소말리아, 방글라데시, 아이티 등 주로 태평양의 섬나라와 아프리카, 남아시아, 중앙아메리카의 작은 나라들이에요. 워낙 저개발 국가로 어려운 상황이었는데, 기후 위기로 더 심한 재난과 식량 부족에 시달리게 되었죠. 그런데 이 국가들이 기후 위기에 가장 책임이 적은 국가들인 거 알아요? 이들은 자기 잘못이 아닌 게 분명한데도 가장 큰 고통을 당하고 있어요. 그래서 기후 위기 해법은 참 어렵습니다.

아찔한 통계가 있어요. 세계에서 가장 부유한 1퍼센트의 사람들이 요트와 자가용 비행기를 몰며 배출하는 온실가스가 소득이 낮은 50퍼센트의 사람들이 배출하는 온실가스보다 2배나 많답니다.[3] 이 불평등은 재난 상황에서 더 심해집니다. 2022년 봄, 인도와 파키스탄 기온은 거의 50도에 육박했어요. 이때 사무실에서 일하는 사람과 건설 현장에서 벽돌을 쌓고 삽을 들어야 하는 사람이 느끼는 폭염이 과연 같을까요? 튼튼하고 단열이 잘된 집에서 최신식 냉방장치를 가동할 수 있는 사람과 곧 부서질 것 같은 흙벽에 기대어 사는 사람이 똑같은 폭염 피해를 입었다고 말할 수 있을까요? 그래서 기후 위기를 이야기할 땐 반드시 '공평'과 '정의'를 생각해야 해요. 이처럼 기후 변화의 원인과 영향을 공정하게 살피고, 피해자들을 제대로 지원하려는 움직임을 기후 정의라 부릅니다.

이야기꾼은 COP26(Conference of Parties 26, 제26차 당사국 총회) 회담이 열리고 있는 영국의 글래스고로 왔어요. 기후변화협약에 가입한 나라들이 모인 자리에서 피해를 입고 있는 저개발 국가들이 선진국이 약속한 녹색기후기금을 빨리 이행하라고 했거든요. 그들은 이 기금이 원조 형태가 아니라 피해에 대한 정당한 보상의 형태로 지급되어야 한다고 요구했어요.

하지만 선진국에서는 묵묵부답. 의중을 살짝 들어 보니 부채나 배상금 같은 말이 매우 불편하다고 해요. 녹색기후기금이 부채나 배상금이 되는 순간 보험금 산정하듯이 피해 규모와 범위, 그에 따른 액수를 정해야 하는데 그걸 정확히 계산하기도 불가능하고, 보상이라고 인정하는 순간 무한책임을 져야 하는 것도 부당하다고 생각하는 듯했어요. 그러다 보니 단순히 지원금 형태로 운영하겠다는 입장이죠.

그런데 한 단체에서 조사해 보니, 2016년부터 지급된 기후지원금은 대부분이 빌려주는 형식이었더라고요. 자, 옆집에서 불이 났어요. 우리 집도 함께 타 버렸지요. 그런데 옆집에서 돈을 빌려줄 테니 집을 수리하라고 해요. 뭔가 이상하지 않나요?

때마침 저개발 국가에서 벗어나려 한창 경제를 성장시키고 있는 인도 총리 나렌드라 모디 씨가 연설을 시작하네요. 여러분도 잘 들어 보고 어떤 생각이 드는지 정리해 봐요. 이야기꾼도 너무 헷갈리거든요. 인도 전통 의상을 차려입은 백발의 총리가 옷자락을 펄럭이며 단상으로 올라갑니다. 그의 발언은 인도어로 진행되었어요.

"저는 인도를 대표하여 여러분 앞에 섰습니다. 현재 기후의 중대한 도전에 맞서는 인도의 핵심 계획 다섯 가지를 말씀드리겠습니다. 이 다섯 가지 계획은 마치 신의 영험한 선물인 판참리타[4]와 같은 것입니다. 첫 번째, 인도는 2030년까지 비화석에너지 용량을 500기가와트까지 늘릴 것입니다. 두 번째, 인도는 재생에너지로 2030년까지 에너지 요구량의 50퍼센트를 충족할 것입니다. 단, 석탄화력발전소는 폐지하는 대신 단계적으로 줄여 나가겠습니다. 세 번째, 인도는 2030년까지 예상 탄소 배출량을 10억 톤 줄일 것입니다. 네 번째, 인도는 2030년까지 경제의 탄소 집약도를 45퍼센트 줄일 것입니다. 다섯 번째, 인도는 2050년이 아니라 2070년까지 탄소 중립을 달성할 것입니다.

인도는 이 약속을 성실하게 지킬 것입니다. 인도는 세계 인구의 17퍼센트를 차지하지만 역사적으로 따져 보면 누적 배출량은 5퍼센트 미만에 불과합니다. 우리는 이 배출량에 대해서만 책임지면 될 뿐입니다. 하지만 우리는 기후변화에 맞서는 데 우리의 역할을 마다하지 않고 있습니다.

선진국은 녹색기후기금 1000억 달러의 약속을 분명히 지키십시오. 선진국은 탄소 배출량을 줄일 수 있는 기술과 자금을 가지고 있습니다. 선진국은 탄소 중립을 2050년이 아니라 더 빨리 앞당겨 실현해야 합니다. 더 나아가 마이너스 배출을 실현해야 합니다."

모디 총리의 발표 후 장내는 다양한 감정들이 뒤섞인 채 침묵했어요. 놀라움, 안도감, 걱정, 실망, 조롱……. 아마 이런 것들이었을 거예요. 너도나도 기후 정의를 이야기하지만 그게 과연 무엇인지만큼이나 복잡한 감정이었을 거예요. 그 복잡한 감정만큼 누가 기후 위기에 얼마나 책임을 질지, 그 의무를 어떻게 이행할지도 복잡한 문제죠.

2015년 파리협정(COP21)[5]에서 모든 국가들이 2050년까지 탄소 중립을 이루자고 협의했어요. 과학자들의 권고대로 지구 평균기온을 산업화 이전보다 2도 이상 상승시켜서는 안 되고, 가능한 한 1.5도로 제한하기 위해 노력하기로 약속했죠. 그러기 위해 모든 국가가 2050년까지 탄소 중립을 실현하자고요.

그런데 인도는 2070년에나 탄소 중립을 실현하겠다고 발표했어요. 게다가 막판 선언문에서 석탄화력발전소 '폐지'를 '단계적 감축'으로 바꾸어 버렸고요. 또 있어요. 100여 개 국가가 서명한 '국제메탄서약'에도 인도는 동참하지 않았죠. 인도는 전 세계 메테인 발생량 3위 국가인데 말이에요. 실은 3위 국가라

서 쉽게 감축 약속을 하지 않았겠죠.

인도 모디 총리의 발표에 대해 여러 평가들이 엇갈렸어요. 제 옆에 앉은 한 참가자도 인도를 "글래스고 최고의 악당"이라고 비난하네요.

"섬나라들이 지금 가라앉고 있는데, 인도, 당신네가 무슨 짓을 했는지 반드시 기억하시오! 내 말이 좀 과격하더라도 이해해 주시오. 지금 참을 수가 없어서 그렇소."

이야기꾼은 상관없다며, 괜찮다고, 편하게 말씀하시라고 했죠. 무슨 말인지 본격적으로 그의 이야기를 들어 보죠.

만남 하나, 지금 배가 가라앉고 있단 말이오

"완전히 뒤통수를 맞은 것 같소. 나를 비롯한 회담 관계자들은 대부분 전 세계가 '중국·러시아의 버티기'에 넋을 잃은 사이 '인도의 매복 작전'에 당했다고 생각한다오. 2050년은 깰 수 없는, 깨지 않기로 한 약속이요. 그것이 파리협정이었소. 2050년을 지키지 않는다니, 파리협정을 깨겠다는 것과 뭐가 다르오? 우리 사이에서는 인도가 COP26 최강의 빌런이란 이야기도 나오고 있소.

모하메드 나시드 님을 아시오? 전 몰디브 대통령이었던 분. 그분을 어제 만났는데 이런 말을 했소. 과거 유럽인들처럼 이제 중국과 인도 등이 지구를 독살하는 게 자신의 권리인 양 행동하고 있다며, 그건 미친 생각이라고, 불충분한 합의에 실망감을 드러냈소. 섬나라인 몰디브는 평균 해발고도가 1미터에 불과해서 기후변화에 따른 해수면 상승, 폭우, 홍수가 일상이오. 세계기상기구(WMO)의 「지구 기후 보고서」에 따르면, 몰디브를 포함해 해발고도가 낮은 섬나라들은 2100년이면 수몰될 가능성이 크다고 하오.

인도가 인구가 많고 국민 대부분이 빈곤에 처해 있는 건 알고 있지만, 그래도 현재 탄소 배출량은 세계 3위요, 3위. 그런데 인도가 2070년에 가서야 탄소 중립을 실현하겠다고 하는 건 과학자들이 경고하는 1.5도를 무시하겠다는 것 아니겠소? 1.5도가 뭐요? 오늘 발표한 국가별 감축량대로라면 2100년에 2.7도가 넘을 거라고 합니다. 인도, 중국, 러시아 같은 나라들이 자기들만 살겠다고 하는 태도가 1.5도라는 마지막 댐을 무너뜨리는 것이오."

이야기꾼이 잠시 끼어들었어요. 심기가 너무 불편해 보여서 대화를 할 수 없어 듣고만 있었는데, 한 가지 생각이 나서요.

"저, 그런데 인도는 19세기부터 석탄으로 공장을 돌린 영국을 비롯해 이미 선진화된 산업국가들이 기후변화에 가장 책임이 크다고 말하던데요? 그래서 선진국들은 2050년 탄소 중립이 아니라 2030년에 탄소 중립을 해야 하고, 아예 중립을 넘어서 대기 중에 있는 탄소를 흡수하는 마이너스 배출을 해야 한다고요. 그래야 1.5도나 2도를……."

"또 그 소리요? 그것은 이미 실패한 「교토의정서」를 거치며 우리가 합의한 것 아니오. 「교토의정서」 이후 수차례의 기후변화 협상은 번번이 결렬되었잖소. 게다가 카타르 도하에서 열렸던 COP18에서는 이미 탈퇴한 미국에 더해 캐나다, 프랑스, 일본이 줄줄이 탈퇴를 했었잖소. 왜 그들이 탈퇴했겠소? 과거가 아니라 현재 당장 그들보다 더 많이 공장을 가동하고 탄소를 배출하는 중국, 인도, 러시아 등에 아무런 제재가 없었기 때문이오.

산업혁명 시기에 탄소를 배출하지 않았으니 오늘의 기후변화에는 책임이 없다고 주장하는데, 그렇다고 미래에 그들이 무슨 책임을 어떻게 지겠소? 중국은 철기 문화가 일찌감치 발달한 나라요. 화려한 문명을 자랑하던 국가였소. 그들이 1000년 동안이나 철을 제련하며 뿜어낸 탄소와 유럽의 작은 국가들이 250년 동안 산업화하며 배출한 탄소가 그리 큰 차이가 날 것 같소? 심지어 선진국들은 지금 중국, 인도, 러시아가 탄소를 배출하며 생산한 공산품을 돈 주고 사서 쓰고 있는 형편이오.

그때 기후변화 협상 테이블에 남은 나라들의 배출량을 모두 합쳐도 기껏해야 전 세계 배출량의 15퍼센트에 불과했었소. 15퍼센트 배출량을 가지고 뭘 할 수 있었겠소? 그저 문 닫고 얌전히 기도하며 지구의 마지막 날을 기다리는 것 말고는.

무산될 뻔한 기후변화협약을 살리기 위해 많은 이들이 각고의 노력을 기울였소. 기후변화협약의 성공 여부는 지구라는 한 배를 탔다는 생각에 달려 있소. 그게 가장 중요한 전제요. 모두가 함께해야 협약이 성공해 기후변화를 막는 실질적인 일을 할 수 있단 말이오.

모두가 함께하는 새로운 기후변화 체제의 기초가 바로 국가별 탄소 감축 방안을 자발적으로 마련하는 것이었소. 그 기초 위에 파리협정이 체결되어 무너질 뻔한 기후변화 체제를 다시 세울 수 있었던 것이오. 물론 선진국의 역할이 중요하다는 사실을 부정하는 건 아니오. 그래서 선진국들이 녹색기후기금을 마련해 기술력이 부족하거나 자금이 부족한 나라들을 돕기로 하지 않았소?

모든 국가가 온실가스 감축 목표를 스스로 결정한다고 해서 숙제를 안 해도 된다는 건 절대 아니오. 5년마다 약속을 지키는지 철저히 검토하고, 점점 더 많은 노력을 하도록 약속을 했잖소. 우리에게는 시간이 얼마 없소. 할 수 있는 모든 일을 전 세계가 함께하는 것, 이것만이 기후변화협약을 성공시켜 1.5도를 지킬 수 있는 유일한 길이오.

지금 인도의 태도는 배에 물이 차올라 가라앉으려 하는데, 자기들은 원인 제공을 안 했으니 물을 퍼내지 않겠다는 것과 뭐가 다르오? 배가 가라앉고 있단 말이오. 모두 함께 각자 가지고 있는 크고 작은 양동이로 물을 퍼내야 하지 않겠소?"

미래없는
미래세대
기후 정의
climate justice
STOP
SOS
구야 미안해
공 포
불 안
속에서
아가지
을 권리
지구
우리
지금 여기에서
지금 당장

"기후 행동"

이야기꾼은 그의 말을 들으며 고개를 끄덕였어요. 모두 함께 해야 한다는 대목에서요. 지금은 누가 가장 나쁜 나라인지, 누가 죄를 지었는지 따질 시간이 없으니까요. 그래도 여전히 의문이 남아서 또 다른 사람을 만나 보았어요. 인도의 발표에 엄지척을 하며 박수를 보낸 분의 이야기를 들어 보죠.

만남 둘, 저는 비난 대신 박수를 보내고 싶어요

"휴, 다행이에요. 인도가 탄소 중립 실현을 구체적으로 약속해서. 정말 얼마나 다행인지 몰라요. 실은 큰 기대를 안 했었거든요. 여태까지 그래 온 것처럼 아무런 입장 발표도 없으면 어떡하나 걱정을 하고 있었죠. 메테인 배출량을 30퍼센트 줄이는 '국제메탄서약'[6]에도 인도는 중국, 러시아와 함께 빠졌잖아요. 게다가 인도는 인구도 많아요. 중국과 인구수[7]가 거의 같죠. 물론 인도에 부자도 많지만 국민들 절대다수가 빈곤에 허덕이고 있으니 당장 뭘 하기를 바라긴 어려웠죠.

인도가 탄소 배출량 전 세계 3위인 건 맞아요. 하지만 전체 배출량으로 따지면 전체의 6.6퍼센트일 뿐이에요.[8] 심지어 인구 1인당 배출량으로 따지면 순위에 끼지도 않아요. 탄소 배출량으로만 책임의 크기를 정하는 건 문제가 있어요. 나라가 크면 그만큼 배출량도 늘어나니까요. 나라가 큰 게 잘못도 아니고, 나라 크기는 선택할 수 있는 게 아니죠.

게다가 중국과 러시아는 협상에 참석조차 하지 않았지만 인도는 당당하게 참석했어요. 또 단순히 2070년까지 탄소 중립을 미루겠다고 선언한 건 아니잖아요. 구체적으로 태양광을 이용한 에너지전환 계획과 목표를 약속했으니까요. 인도가 어떤 상황인지 이해하면 지금 제가 하는 말에 더 잘 공감할 수 있을 거예요.

인도는 지금 막 산업화가 시작되었다고 봐야 해요. 앞으로 20년간 엄청난 속도로 발전할 거예요. 중국이 지금까지 그랬던 것처럼요. 인도가 에너지 부문에서 탄소 의존을 줄이겠다고 한 약속은 굉장한 거예요. 왜냐하면 인도는 에너지 생산의 3분의 2를 석탄에 의존하고 있거든요. 인도는 이제야 수백만 명이 절대 빈곤에서 벗어나고 있어요. 도시가 점점 늘어나고, 이에 따라 전기 사용량도 증가하고 있고요. 당연히 에너지 사용량이 앞으로 많이 늘어나겠죠. 그런데도 탄소를 10년 동안 3분의 1가량 줄이겠다는 거잖아요.

또 인도는 기후변화 피해가 큰 나라예요. 아프리카와 태평양의 섬나라들처럼죠. 기억하세요? 2021년에 히말라야산맥의 눈이 녹은 물이 계곡으로 흘러내려 댐이 무너지고 그 아래 마을 사람들이 큰 피해를 입었죠.[9] 기후변화 때문에 만년설이 녹아서 일어난 일이에요. 그뿐 아니에요. 폭염, 홍수는 물론 해수면 상승에 따른 해안가 침수까지, 인도는 기후변화로 큰 피해를 입고 있어요. 인도도 피해 보상을 받아야 하는 나라예요. 그런데도 이렇게 전 세계의 노력에 동참해서 탄소 감축을 약속했으니, 저는 박수를 보내고 싶어요.

그리고 전 인도 총리가 말한 기후 정의 문제에 깊이 공감해요. 총리는 선진국이 다른 나라들과 마찬가지로 2050년 탄소 중립을 목표로 삼는 것은 옳지 못하다고 지적했죠. 그 말에 200퍼센트 동의합니다. 파리협정에서 의무 감축량을 국가별로 정해 주진 않았지만, 저는 그들이 '최대한, 능력껏 책임질 것'이라는 원칙을 위반한 거라고 생각해요.[10] 따지고 보면 선진국은 지금까지 싼 에너지를 기반으로 경제성장을 이루었잖아요. 그 과정에서 기후변화에 원인 제공을 했고요. 그러니 이제 막 경제를 일으키려는 인도와 같은 개발도상국을 지구온난화의 주범인 양 몰아가면 안 된다고 생각해요.

인도가 '이번 글래스고에서 최대 빌런이다.'라는 말이 도는데요, 매우 부당한 평가예요. 한 단체의 연구에 따르면, 역사적 책임과 현재의 능력을 기준으로 탄소 감축량을 계산할 때 미국은 2030년까지 배출량을 2005년 수준보다 195퍼센트, 영국은 1990년 수준보다 200퍼센트 낮게 배출하는 게 공정하다고 해요.[11] 지금 미국과 영국의 감축 목표요? 미국과 영국의 현재 국내 목표는 약 50퍼센트와 70퍼센트인 것으로 알고 있어요."

"아하, 그렇게 계산하는 방법도 있군요! 그 계산법에 따르면 그 나라들이 탄소 중립을 이루는 시기도 앞당겨지겠네요?"

"그렇죠. 인도 과학자의 연구로는 OECD 국가는 2030년까지, 중국은 2040년까지 탄소 중립을 실현해야 한다고 해요."

누가 얼마나 책임질까? 어떤 기준을 적용해야 할까?

2070년에 탄소 중립을 이루겠다는 인도의 발표를 놓고 왜 이렇게 입장 차이가 클까요? 이 문제는 '기후변화의 책임이 누구에게 얼마큼 있는가?'라는 오래된 논쟁과 비슷해요.

이 논쟁 때문에 지난 COP 회담은 모였다가 무산되고 또 모였다가 다음에 잘해 보자며 아무 성과 없이 흩어지기를 오랫동안 반복했어요.[12] 당장 전 세계가 겪고 있는 기후 재난을 생각

하면 정말 안타까운 부분이에요. 30년 전인 1992년에 처음 협약을 시작했으니, 좀 더 일찍 국제적인 합의를 이루었더라면 지금처럼 미래가 어둡지는 않았을 텐데. 모르는 일도 아니었는데. 쯧쯧.

지나간 옛일을 아쉬워하지 말고 논쟁의 핵심, 그러니까 무엇을 기준으로 책임을 공정하게 지워야 하는지 한번 짚어 볼까요? 잘 듣고, 여러분의 생각은 어디로 향하는지 차근차근 따라가 봐요. 물론 여기에는 다양한 의견이 있을 수밖에 없어요. 무엇이 가장 공정한지, 어떤 가치가 가장 중요한지에 따라 크게 달라질 수 있으니까요. 지속 가능한 사회와 중단 없는 발전 중 무엇을 추구하는지도 중요한 잣대죠.

첫 번째, 기업에 책임을 묻는 건 어떨까요? 탄소 배출량이 가장 많은 회사, 그러니까 화석연료를 생산하는 회사에 책임을 물어 탄소세 등을 부과하는 거예요. 2017년 발표된 보고서는 지난 20년간 전 세계 온실가스 배출량의 70퍼센트가 석탄, 석유, 천연가스를 생산하는 100개의 화석연료 회사에서 나왔다고 해요. 예상은 했지만 정말로 이들의 책임이 크네요.

그런데 '탄소발자국 계산기'라는 앱이 있어요. 개개인의 일상생활에서 발생하는 탄소량을 계산할 수 있는 앱이에요. 얼마나 배출하는지 알아야 우리도 생활 속에서 실천할 수 있으니까 굉장히 유용한 앱이죠. 그런데 이 앱을 맨 처음 개발하고 확산한 곳이 어딘지 아세요? 특이하게도 글로벌 석유 회사인 브리티시 페트롤리엄(BP)이에요.[13] 전 세계에 1만 8700여 개의 주유소를 가지고 있는 거대 회사죠. 그런데 왜 석유 회사가 개인들이 기후변화를 막는 앱을 만들어서 확산시켰을까요? 기후변화를 걱정하는 모습을 보이며 자신들은 나쁜 기업이 아니라고 말하려고요? 아니면 혹시 기후변화의 책임을 소비자들에게로 돌리고 싶은 마음이었을까요?

두 번째, 개인에게 책임을 묻는 것은 어떨까요? 소비를 많이 해서 탄소 배출량이 높은 사람, 그러니까 화석연료를 생산하는 회사가 아니라 그걸 소비하는 사람에게 책임을 묻는 거죠. 앞에서도 말했지만, 1퍼센트의 부자들이 50퍼센트의 가난한 사람보다 2배나 많은 탄소를 배출하고 있으니까요.

영국 리즈대학교가 진행한 연구를 보면 86개국에서 가장 부유한 10퍼센트의 사람들이 가장 가난한 10퍼센트의 사람들보다 에너지를 20배나 더 많이 소비한다고 해요. 이들의 에너지 소비 중 큰 부분을 차지하는 게 교통수단이었는데, 비행기를 이용한 잦은 휴가와 장거리를 오가는 고급 대형차가 주범이었죠.

단지 부유하다는 이유만으로 책임을 묻는 게 아니라, 소비에 따른 개인 배출량을 기준으로 책임을 부과하면 어떨까요? 예를 들어 탄소 배출량이 큰 서비스나 제품을 구매할 때 탄소세를 부과할 수 있겠죠. 그러면 인도처럼 가난한 국가의 매우 부유한 상류층이 에너지를 과소비하는 것에도 제동을 걸 수 있으니 보다 공정해지지 않을까요?

세 번째, 국가에 책임을 묻는 것은 어떨까요? 탄소 배출량 순서대로 책임을 물어 감축량을 높이는 거죠. 현재 국가별 2020년 배출량을 기준으로 하면 중국이 1위로 31퍼센트, 2위는 미국 14퍼센트, 3위는 인도 7퍼센트,[14] 다음은 러시아예요. 하지만 이건 중국, 인도처럼 최근 들어 산업화가 급속도로 진행된 나라들에겐 공평하지 못한 방법이죠. 20세기가 될 때까지 전 세계 배출량을 유럽과 미국이 주도했으니까요. 1900년에는 배출량의 90퍼센트 이상이 유럽과 미국에서 발생했거든요. 1950년까지도 유럽과 미국은 매년 배출량의 85퍼센트 이상을 차지했어요.

【 다양한 기준의 탄소 배출량 순위 】

순위	2020년 배출량	1850~2021년 누적 배출량	2021년 인구 1인당 배출량	1850~2021년 인구 1인당 누적 배출량
1위	중국	미국	캐나다	뉴질랜드[15]
2위	미국	중국	미국	캐나다
3위	인도	러시아	에스토니아[16]	오스트레일리아
4위	러시아	브라질	오스트레일리아	미국
5위	일본	인도네시아	트리니다드토바고	아르헨티나
6위	이란	독일	러시아	카타르
7위	독일	인도	카자흐스탄	가봉
8위	사우디아라비아	영국	영국	말레이시아
9위	한국	일본	독일	콩고

출처 : 스태티스타(Statista), 이산화탄소정보분석센터(CDIAC), 아워월드인데이터(OurWorldinData), 글로벌탄소프로젝트(GlobalCarbonProject)

그러다 최근 수십 년 사이에 순위가 크게 바뀌었죠. 20세기 후반에 아시아 전역, 특히 중국의 배출량이 크게 증가했어요. 지금 미국과 유럽의 배출량은 전 세계 배출량의 3분의 1이 안 돼요. 그렇다면 역사적으로 배출한 양을 모두 합한 누적 배출량을 기준으로 하는 건 어떨까요? 1850년부터 누적 배출량 1위는 미국, 2위는 중국, 3위는 러시아, 인도는 7위랍니다.

네 번째, 국가에 책임을 묻되 총배출량이 아니라 1인당 배출량을 기준으로 책임을 물어 감축량을 정하면 어떨까요? 예를 들어 인도는 국가별 배출량은 3위이지만 1인당 배출량은 20위권이라서 책임을 강하게 묻기 어려워요. 한 걸음 더 나아가 역사적 책임까지 고려해 국가별 1인당 누적 배출량을 기준으로 하면 어떨까요?

이때 인구가 적은 국가는 제외해야 할 거예요. 1인당 배출량이 높아도 인구가 적다면 전체 배출량은 미미할 테니까요. 룩셈부르크, 가이아나, 벨리즈, 브루나이처럼 인구가 100만 명 미만인 경우죠. 중국, 인도, 브라질, 인도네시아는 인구가 많아요. 이 4개 나라를 합치면 세계 인구의 42퍼센트인데, 누적 배출량은 23퍼센트예요. 반대로 미국, 러시아, 독일, 영국, 일본, 캐나다는 세계 인구의 10퍼센트 정도인데 누적 배출량은 총 39퍼센트죠.

이러한 수치로 볼 때 어떤 국가의 책임이 더 크다고 할 수 있을까요?

그런데 1인당 누적 배출량을 정확히 계산하려면 문제가 좀 있어요. 먼저, 보통 한 국가의 인구는 계속 증가하잖아요? 그렇다면 1인당 누적 배출량을 계산할 때 어떤 국가의 총 누적 배출량을 현재 거주하는 인구로 나누면 안 되죠. 외국으로 이민을 간 사람들이나, 과거 식민지였던 국가라면 석유나 나무와 같은 천연자원을 강탈당한 것도 감안해야 해요. 그런데 아예 국경선과 소속 국가가 달라진 곳도 있어요. 과거 알자스로렌 지역의 배출량은 프랑스와 독일 중 어디에 넣어야 할까요? 파키스탄은 인도에서 분리 독립을 했고, 또 파키스탄에서 방글라데시가 분할되었죠. 체코와 슬로바키아도 분리되었고, 동독과 서독은 독일로 통일되었고, 러시아는 다른 많은 나라들과 함께 소련이 되었다가, 소련은 또……. 와, 쉽지 않네요.

아니면 앞에서 말한 기준들 말고 석유나 석탄을 많이 수출하는 나라에 책임을 물어 더 많은 감축량을 요구하는 건 어떨까요? 또는 숲을 개간해 나무를 베어 낸 면적을 기준으로 탄소 감축량을 정한다면요?

기후변화의 책임을 물어 탄소 감축량을 공정하게 할당하려면 어떤 방법이 가장 좋을까요? 인도의 모디 총리가 이야기한 기후 정의를 지키는 게 결코 쉬운 일은 아니에요. 하지만 반드시 지켜야 하니 모두가 합의할 수 있는 방법을 찾아야겠죠?

우리에게는 남아 있는 탄소 예산, 그러니까 1.5도를 넘기지 않기 위해 우리가 배출할 수 있는 탄소의 양은 2021년 1월 기준으로 대략 4600억 톤(460기가톤)이에요.[17] 우리는 현재 연간 34기가톤을 배출한다고 해요. 그럼 남은 시간이 얼마인지 계산이 되죠?

셈도 중요하지만 더 중요한 게 있어요. 바로 지구는 오늘을 사는 우리 인류만의 것이 아니라는 사실이죠. 돈이 있고 없고를 떠나서, 지금 지구에 사는 사람들뿐만이 아니라 내일의 지구를 살아갈 이들에게도, 인간이냐 아니냐의 경계를 넘어서, 지구는 모두가 함께 지켜 미래에도 함께 평화롭게 살아야 하는 곳입니다. '우리 모두'는 지구호에 함께 승선한 승객들이니까요.

듣고 말하고 생각 정하기

이야기꾼입니다. 다음은 내 생각을 정리하고 내 입장을 결정하는 데 도움이 될 질문들입니다. 미래 세대인 우리가 어떤 마음가짐으로 어떻게 행동해야 할지 함께 답을 찾아봅시다.

- 기후 위기 피해국들은 '보상'의 형태를 요구하고, 지원하려는 나라들은 '원조'의 형태를 원한다. 이렇게 입장 차이를 보이는 이유는 무엇일까? 피해를 입고 있는 저개발 국가를 어떤 방식으로 지원해야 할까?
- 현재의 기후 위기를 극복하려면 다음 중 누가 탄소 배출량을 가장 많이 줄여야 할까? 그렇게 생각하는 이유는?

  ① 화석연료 판매 회사나 탄소 배출량이 과도하게 많은 기업

  ② 탄소 배출량이 과도하게 많은 개인

  ③ 1인당 탄소 배출량이 높은 국가

  ④ 현재 탄소 배출량이 높은 국가

  ⑤ 역사적으로 누적 탄소 배출량이 높은 국가
- 인도가 2050년이 아니라 2070년에 탄소 중립을 실현하겠다고 선언한 것에 대해 어떤 평가를 내릴 수 있을까?

끝나지 않은 이야기

1) 지구의 여신 가이아와 파차마마

가이아가 그리스신화에 등장하는 대지의 신이자 만물과 창조의 여신이라면, 파차마마(Pachamama)는 잉카문명의 대지의 신이에요. 땅, 물, 생명과 자연을 보살피는 여신이죠.

---

2) 폭증하는 기후 난민

홍수, 산불, 태풍 등 기후변화가 할퀴고 지나간 곳에 기후 난민이 속출하고 있어요. 스위스 제네바에 본부를 둔 국내난민감시센터(IDMC)에 따르면 2018년 기후 난민이 전쟁으로 인한 난민보다 3배가량 더 많다고 해요. 세계경제포럼(WEF)은 2050년 안에 최소 12억 명의 기후 난민이 생길 것으로 보고 있어요.

---

3) 억만장자들의 탄소 배출

옥스팜이라는 단체에서 소득수준에 따른 탄소 배출량을 비교해 매년 연구 보고서를 발행하고 있어요. 그런데 2021년 자료에 따르면, 전 세계 소득수준 상위 1퍼센트의 사람들이 하위 50퍼센트 사람들의 배출량 전부를 합친 것보다 2배나 많이 탄소를 배출하고 있고, 소득 상위 10퍼센트 사람들의 배출량이 그 외 90퍼센트 사람들 전체 배출량과 맞먹는다고 해요.

---

4) 신성한 음식을 나누는 시간

판참리타(Panchamrita)는 힌두교와 자이나교 예배 의식에 사용하는 음식이에요. 우유, 버터기름, 요구르트, 꿀, 설탕 등을 전통적인 방식으로 혼합해 만들어요. 힌두교 예배에 가면 매우 단 음식을 만들어서 나눠 먹어요. 예배 시간에 먹는 음식이니 매우 신성한 것이겠죠.

5) 탄소 감축을 위한 지구적 합의와 약속, 파리협정

2015년 파리에서 열린 제21차 당사국 총회(COP21)에서 2020년부터 모든 국가가 참여하는 새로운 감축 체제를 마련하는 데 합의했어요. 그것이 파리협정(Paris Agreement)이에요. 모든 국가가 각 국가의 상황을 반영하되, 능력에 맞게 최대한 노력해 지구 평균기온 상승을 산업화 이전 대비 2도보다 상당히 낮은 수준으로 유지하고, 1.5도로 제한한다는 내용이죠. 이전 「교토의정서」에서 선진국에만 온실가스 감축 의무를 부과하던 것과는 상당히 달라진 내용이에요. 그래서 모든 국가가 2020년부터 기후 행동에 참여하고, 5년 주기로 이행점검을 통해 점차 노력을 강화하도록 규정하고 있어요. 파리협정은 또한 모든 국가가 스스로 결정한 온실가스 감축 목표를 5년 단위로 제출하고 국내에서 이행하도록 하며, 저개발 국가를 돕기 위한 지금을 조성하기로 했어요. 기금 조성에는 선진국이 선도적 역할을 하기로 하고 그 밖의 다른 나라들은 자발적으로 참여하고요.

---

6) 초강력 온실가스 메테인을 줄이자

2030년까지 전 세계에서 배출되는 메테인의 양을 2020년 대비 30퍼센트 줄이는 '국제메테인서약'이 COP26 회담 기간 중 발표되었어요. 105개국이 함께하기로 서약을 했어요. 그런데 이 서약에 인도는 중국, 러시아와 함께 빠졌어요. 중국은 전 세계 메테인 발생률 1위, 2위는 러시아, 3위는 인도예요.

---

7) 인도 인구가 중국과 거의 같다고?

2022년 전 세계 인구수 국가별 순위는 1위가 14억 5000만 명의 중국으로 18.2퍼센트를 차지해요. 2위는 인구수 14억 1000만 명의 인도이고 17.7퍼센트를 차지하죠. 중국과 인도의 인구수는 거의 같다고 보면 돼요.

8) 국가별 탄소 배출량

각 국가는 온실가스를 얼마나 배출했을까요? 아래는 미국 컨설팅 기업 로디엄 그룹이 발표한 2019년 국가별 순 탄소 배출량 데이터예요.

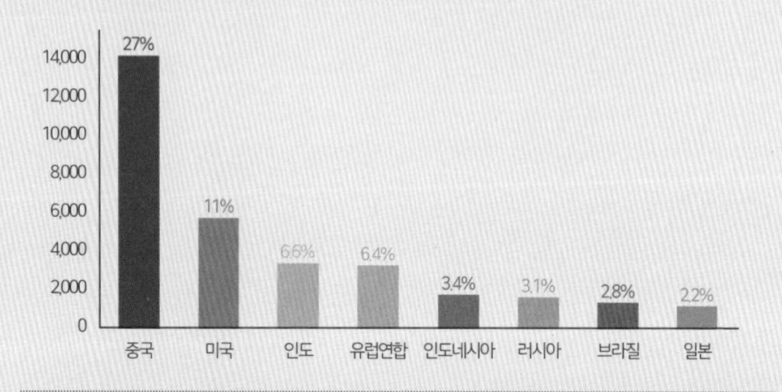

9) 히말라야산맥 빙하가 녹아내리기 시작했다

2021년 한 해 동안 인도 북부 우타라칸드주에서 여러 차례 물난리가 일어나 수백 명이 사망하고 많은 이들이 실종됐어요. 사고는 히말라야산맥에서 떨어져 내린 빙하가 댐을 강타하고 급류가 마을을 휩쓸면서 발생했어요. 히말라야 고산지대는 특히 기후변화에 더 취약한 곳이라는 분석이 이미 이전부터 있었어요. 인도 하이데라바드 비즈니스스쿨의 안잘 프라카쉬 교수는 "만일 세계의 평균온도가 1.5도 이하로 상승을 유지하더라도, 이 지역은 1.8~2.2도까지 상승할 수 있다."라고 말했어요. 2019년에는 전 세계 연구자 수백여 명이 「히말라야 힌두쿠시 보고서」를 발표해 "히말라야산맥의 빙하는 1970년대부터 녹기 시작했고, 온실가스가 지금처럼 배출되면 2100년에는 히말라야산맥 빙하의 70퍼센트 이상이 녹을 것"이라고 밝혔어요.

10) 출발이 다르니 도착도 달라야 해

인도 상공부 장관인 피유시 고얄은 G20 회의에서 "선진국은 이미 수년 동안 저렴한 에너지 가격으로 결실을 누렸다."라며 "선진국은 개발도상국보다 넷제로(Net Zero: 탄소 제로)에 훨씬 빨리 도달해야 하며, 넷 마이너스로 향해야 한다."라고 말했어요.

11) 공정한 몫

기후행동네트워크(CAN) 미국 지부는 국가의 역사적 책임과 재정적 능력을 우선 고려해 2030년까지 미국의 탄소 배출량을 2005년 수준보다 195퍼센트 줄이는 '공정한 몫' 목표를 요구했어요. 영국에는 1990년 수준보다 200퍼센트 낮은 감축 목표를 요구했고요. 미국과 영국이 제시한 목표는 각각 50~52퍼센트와 78퍼센트예요.

12) 기후 위기를 논의하는 국제회의의 파란만장한 역사, 유엔 기후변화협약 당사국 총회(COP)

1992년 6월		유엔 기후 변화협약	선진국과 개도국이 '공동의, 그러나 차별화된 책임(Common But Differentiated Responsibilities)'에 따라 각자의 능력에 맞게 온실가스를 감축할 것을 약속했다.
1997년 12월	COP 3	교토 의정서	선진국들의 온실가스 감축 의무를 규정한 「교토의정서(Kyoto Protocol)」를 채택하고 기후변화의 주범인 6가지 온실가스(이산화탄소, 메테인, 이산화질소, 수소 불화 탄소, 과불화 탄소, 육불화황)를 정의했다.
2007년 12월	COP 13	발리 행동계획	선진국과 개도국 모두가 참여하는 Post-2012 출범을 약속했다.
2009년 12월	COP 15	코펜하겐 합의	감축 목표, 개도국 재정 지원 문제에서 간극을 좁히지 못해 Post-2012 출범 이 좌초되고 협상이 실패했다.
2010년 12월	COP 16	칸쿤합의	과도기적 조치로 선진국과 개도국들이 2020년까지 자발적으로 온실가스 감축 약속을 이행하기로 하는 「칸쿤합의(Cancun Agreement)」를 이끌어 냈다.

2011년 12월	COP 17	더반 플랫폼	2020년 이후 모든 당사국이 참여하는 새로운 기후변화 체제 수립을 위한 '더반플랫폼(Durban Platform)' 출범을 합의했다.
2012년 12월	COP 18	도하 게이트 웨이	교토의정서의 개정안(Doha Amendment)을 채택했지만 기존 불참국인 미국 외에도 일본, 러시아, 캐나다, 뉴질랜드 등이 불참을 선언하면서 참여국 전체의 배출량이 전 세계 배출량의 15퍼센트에 불과하게 되었다.
2013년 11월	COP 19	바르샤바 결과	당사국들이 지구 기온 상승을 산업화 이전 대비 2도 이내로 억제하는 데 필요한 2020년 이후의 「국가별 기여 방안(INDCs, Intended Nationally Determined Contributions)」을 자체적으로 결정, 2015년 전에 사무국에 제출하기로 합의했다.
2014년 12월	COP 20	리마선언	「국가별 기여 방안(INDC)」 제출 절차 및 일정을 규정하고, 기여 공약에 반드시 포함되어야 할 정보 등을 내용으로 하는 「리마선언」을 채택했다.
2015년 12월	COP 21	파리협정	선진국에만 온실가스 감축 의무를 부과하던 기존의 「교토의정서」 체제를 넘어 모든 국가가 자국의 상황을 반영해 참여하는 보편적인 체제가 마련되었다. 2016년 11월 4일 공식 발효됐다.
2018년	COP 24	카토비체	파리협정 제6조(국제 탄소 시장) 지침을 제외한 감축, 적응, 투명성, 재원, 기술 이전 8개 분야 16개 지침을 채택했다.
2021년	COP 26	글래스고	국제 탄소 시장 지침을 타결해 파리협정의 세부 이행 규칙을 완성했다.

13) 석유 회사가 왜?

전 세계적으로 1만 8700여 개의 주유소를 보유한 세계에서 두 번째로 큰 석유 회사인 BP(British Petroleum, 브리티시페트롤리엄)는 홍보 전문가를 고용해 '탄소 발자국'이라는 용어를 처음 홍보하고 곧 성공적으로 대중화한 곳입니다. 또 2004년에 '탄소 발자국 계산기' 앱을 공개해 일하고 소비하고 여행하는 평범한 일상이 얼마나 지구를 뜨겁게 만드는지 보여줬는데, 기후 위기의 책임을 기업에서 개인으로 돌리려 이 앱을 개발했다는 분석이 있어요.

14) 탄소 배출량에 관한 모든 숫자와 그래프를 만나고 싶다면?

아워월드인 데이터(Our World in Data)는 영국 옥스퍼드대학교를 기반으로 여러 학자들이 빈곤, 질병, 기아, 환경문제, 전쟁, 사회적 불평등, 기후변화, 팬데믹 등 대규모 국제 문제에 관한 정직한 데이터를 다루는 온라인 연구소입니다. 그래프, 지도 등 여러 시각 자료로 전 세계의 변화를 한눈에 살펴볼 수 있죠.

https://ourworldindata.org/co2-emissions

15) 친환경 국가인데도 누적 배출량이 높은 이유

뉴질랜드가 1인당 누적 탄소 배출량이 상당히 높죠? 19세기에 이루어진 삼림 벌채 때문이에요. 영국인들이 식민지를 개척하면서 원주민들이 살던 카우리 숲의 많은 부분을 베어 냈거든요. 이때 배출된 양이 현재까지 뉴질랜드 누적 배출량의 3분의 2를 차지한답니다.

16) 산업화가 늦은 나라인데도 배출량이 높은 이유

에스토니아가 1인당 탄소 배출량이 높게 나오는 이유는 에너지를 주로 오일 샌드에 의존하기 때문이에요. 오일샌드는 석유가 스며들어 덩어리진 모래 정도로 생각하면 돼요. 이 오일샌드를 정제하고 또 변형해서 합성 원유를 생산하기까지 상당히 많은 탄소가 배출되거든요.

17) 배출량 단위의 비밀

우리나라는 억 단위를 쓰지만 세계적으로 기가톤(Gt) 단위를 많이 써요. 예를 들어 4,000억 톤은 400기가톤이죠. 국제적으로 사용되는 단위에 익숙해져야겠죠?

주제 2

숲의 가치는 탄소 중립에 있을까?

안녕하세요, 이야기꾼입니다. 이번 주제는 숲이에요. 순 배출량 '0'을 이루려면 탄소 배출 자체를 줄이는 것도 중요하지만 탄소 흡수원인 '숲'도 중요하죠. 그래서 캐나다 숲에서 30년 동안 나무들의 사회생활을 연구한 생물학자 수잰 시마드[1]의 회고담으로 이야기를 시작하려 해요. 그의 이야기를 통해 숲과 생태계를 새로운 눈으로 바라보게 되면, 우리가 무엇을 선택하고 어떤 길로 가야 할지 알 수 있을 거예요.

이야기 하나, 나무들의 비밀스러운 대화

"티디띠디띠디틱……."

가이거계수기에서 나는 소리가 이렇게 아름답게 들릴 수 있다니. 검은 천을 이상하게 뒤집어쓰고 있는 어린 전나무 가까이에서 방사선을 측정하는 가이거계수기가 특유의 소리를 내고 있었다.

'됐어, 됐어. 된 거야.'

기쁜 나머지 나도 모르게 두 손을 흔들다가 가이거계수기를 떨어뜨릴 뻔했다.

약 한 시간 전, 야외 실험 3번 사이트에 심어 두었던 자작나무 묘목에 투명한 비닐봉지를 뒤집어씌웠다. 그리고 꼼꼼하게 틈을 막아 공기가 드나들지 못하도록 했다. 또 자작나무 근처 전나무 묘목에는 검은 천을 씌워 햇볕을 차단했다. 나는 실험실에서 허가서를 받고 어렵게 가져온 방사성 가스가 든 주사기를 조심스럽게 손에 들었다. 우선 탄소 14 방사성 가스를 자작나

무를 씌운 봉지 안에 주사했다.

탄소 14는 자연 상태에서는 거의 발견되지 않는 원소이다. 자연에 있는 탄소의 99퍼센트는 탄소 12이다. 그리고 나머지 1퍼센트 정도는 탄소 13. 1조분의 1 정도의 양만 탄소 14다. 불안정한 탄소 14는 스스로 붕괴하며 방사선을 방출한다. 그러니까 탄소 14가 만약 근처의 다른 나무에서 발견된다면, 그것은 내가 주입한 탄소 14라고 보아야 한다. 80그루의 묘목에 작업을 하고서 기다렸다. 한 시간 정도면 어린 자작나무가 충분히 광합성을 하고 양분을 만들었을 시간이다.

내 예상이 맞았다. 탄소 14가 전나무에서도 검출되었다. 어린 자작나무는 광합성을 하여 만들어 낸 양분을 뿌리로 보냈을 것이다. 그리고 자작나무 뿌리에 발달한 독특한 균근[2]에도 양분은 전달되었을 것이다. 이제 균근은 길고 복잡한 미로처럼 얽혀 주변의 나무들과 연결되어 있는 균사라고 하는 가늘고 긴 통로를 통해 이웃 나무에 자기 양분을 전달했을 것이다. 검은 천을 씌워 놓아 광합성을 잘할 수 없었던 전나무는 종이 다른데도 불구하고 이웃 나무인 자작나무의 도움을 받고 있었다.

나는 어릴 적 캐나다 브리티시컬럼비아주 북부의 깊은 숲이 있는 마을에서 자랐다. 할아버지는 벌목꾼이었다. 당시 마을 사람들은 숲에서 톱질로 벌목을 하고 말을 부려 베어 낸 나무를 한두 그루씩 강가로 실어 날랐다. 강가에서는 나무들을 뗏목처럼 띄워 마을로 운반했다. 나무를 베어 낸 자리에는 묘목을 심지 않았다. 그저 씨를 뿌려 두었다. 그러면 다시 씨앗은 나무가 되어 자라났다. 내가 자라는 속도보다 더 빠르게. 할아버지가 나무를 베는 것을 나는 한 번도 숲을 죽인다고 생각해 본 적이 없다. 할아버지는 숲에서 베어도 되는 나무를 신중하게 선택했고, 그렇게 나무가 사라진 자리에는 또 다른 어린나무들이 자라며 숲의 가족이 되었다.

나는 그렇게 자라나는 나무와 함께 컸고, 운 좋게 대학에 들어갔고, 어릴 적 깊은 숲의 향기를 사랑했기에 임업을 전공했다. 대학을 졸업하자마자 당연히 벌목 회사에 취직했다. 할아버지와 마을 사람들이 손으로 벌목을 하던 시대는 지나가고 벌목 회사는 거대한 굴삭기와 전기톱으로 벌목을 했다. 속도가 빠르니 더 많은 목재를 생산할 수 있었다.

나는 전공을 살릴 수 있는 회사에 취직한 것을 너무나 기뻐했었다. 대학에서 배운 지식을 활용해 목재를 생산하면서 나무를 베어 낸 숲을 재생케 하는 일도 할 것으로 생각했다. 할아버지가 했던 벌목은 그런 것이었다. 숲에서 나무를 베어 내면서도 동시에 그 숲을 보살폈다.

하지만 회사는 내가 기대했던 것과 너무 달랐다.

“왜 필요하지 않은 나무까지 전부 베어 냅니까?”

“자작나무는 왜 죽이는 건가요?”

벌목 회사는 한 사이트를 정해서 그곳의 나무를 모두 베었다. 오래된 나무, 어린나무 할 것 없이 모두 베어 냈다. 단 한 그루도 남기지 않고. 작업을 끝낸 사이트에는 지도에도 없는 광활한 벌판이 생겼다. 물론 다시 묘목을 심는다. 그런데 모두 전나무만 심는다. 상품이 되는 나무만 필요했던 것이다. 군데군데 모여 있는 자작나무들은 약품을 사용해 의도적으로 죽였다.

사표를 냈다. 더 이상 그곳에서 버틸 수가 없었다. 벌목 회사의 나무 베기는 숲을 보살피는 행위와는 정반대였다. 기계가 진입한 곳의 나무는 모두베기를 했다. 숲은 점점 허약해졌고, 회사만 주머니를 두둑하게 챙겼다.

대학으로 돌아가 숲을 다시 공부하기 시작했다. 하늘을 찌를 듯 높이 솟은 나무들. 사람들은 숲이라고 하면 땅 위에 이렇게 드러나 있는 나무들만을 생각한다. 하지만 숲이 품은 탄소의 절반은 땅 위가 아니라 땅속에 있다. 숲은 나무만을 가리키는 말이 아니다.

할아버지와 함께 숲에 갔던 어린 시절의 어느 날이었다. 함께 데리고 간 개 지그가 그만 야외 화장실로 파 놓은 오물 웅덩이에 빠지고 말았다. 급히 달려갔지만, 지그는 오물 웅덩이에서 허우적거리며 빠져나오지 못했다. 할아버지는 재빨리 삽으로 땅을 파기 시작했다. 지그가 오물 웅덩이에서 빠져나올 수 있도록. 그 순간 내 눈앞에 놀라운 세계가 펼쳐졌다. 땅속 세상이었다.

숲의 또 다른 세상인 땅속. 그 세상은 흰색의 가느다란 실들이 잔뜩 얽혀 있었다. 굉장히 복잡한 미로가 할아버지의 삽질을 따라 계속 열렸다. 동화 속에 나오는 손톱만큼 작은 요정들이 사는 숲속 마을에 난 길 같았다. 다시 돌아간 대학에서 땅 아래에 펼쳐져 있던 미로들을 연구하기 시작했다.

"균근이야. 균근은 말 그대로 균과 뿌리가 함께 합쳐진 공생체지. 이 균근은 균사를 형성하는데 균사는 아주 길게 연결돼 있어. 네가 디딘 발자국 아래로 아무리 못해도 수백 킬로미터나 되는 균사 미로가 형성되어 있을걸."

내 연구 주제를 궁금해하는 후배들에게 숲의 땅속에 대해 설명했다. 나는 어느덧 석사 학위를 따고 박사과정을 막 시작한 참이었다.

"생각해 봐. 이 균근들과 균사들의 복잡한 미로가 왜 생겼을까? 또 이렇게 복잡한 미로가 한 군데가 아니라 숲 전체를 뒤덮고 있는데 아무런 역할을 하지 않는다는 건 말이 안 되잖아? 분명히 이 미로에서 숲에 영향을 주는 중요한 사건이 일어나고 있을 거야."

그리고 얼마 지나지 않아 다른 대학의 임학 실험실에서 같은 종의 나무들이 균사들을 통해 양분을 주고받는다는 논문이 발표되었다.

'그렇지, 바로 이거야. 하지만 실험실 환경이 아닌 실제 숲에서도 양분 교환이 일어날까?'

'나무들이 균사들을 통해 교환하는 것이 양분뿐일까?'

'같은 종의 나무들 사이에서만 교환이 이루어질까? 다른 종의 나무들 사이에서는 아무 일도 일어나지 않을까?'

나의 궁금증은 폭포처럼 쏟아졌다. 숲으로 가야 했다. 숲에서 일어나는 일이니 숲에 가서 현장 연구를 해야 하는 것이 맞았다. 하지만 이런 연구로 연구비를 따내기란 쉽지 않았다. 몇몇 벌목 회사와 연구 재단에 제안서를 써냈지만, 번번이 돌아오는 답은 정중하게 격식을 갖춘 거절이었다. 결국 주머니를 털었다. 내가 마련할 수 있는 것들로 장비를 준비하고, 대학 연구실에 어렵게 사정을 해서 비싼 기구 몇 개를 빌렸다. 그렇게 브리티시컬럼비아 숲으로 돌아와 새로운 현장 연구실의 문을 열었다. 구획을 나누고 흙을 깊이 들어내 균근과 균사체를 현미경으로 관찰하고, 묘목을 심었다.

그러다 드디어 나무들 사이에서 어떤 일이 일어나고 있는지 그 대답을 전나무에게 직접 들은 것이다. 내 예상이 맞았다. 햇빛을 받을 수 없었던 전나무는 이웃 나무인 자작나무에게서 양분을 전달받았다. 땅속 미로를 통해. 나무들은 종과 상관없이 다른 나무들을 돕고 있었다.

이 실험 결과는 많은 사람들을 놀라게 만들었다. 나무를 잘 자라게 하려면 나무들을 가차 없이 솎아 내야 한다는 것이 여태까지의 산림 관리 방식이었다. 나무들이 햇빛 한 조각이라도 더, 물과 양분 한 방울이라도 더 차지하려고 치열하게 경쟁한다고 굳게 믿어 왔기 때문이다.

숲에서 나무들은 햇볕을 두고 전쟁을 벌인다. 햇볕을 한 뼘이라도 더 받기 위해 부피를 키우기보다 가느다랗고 길게 키를 키운다. 약육강식, 강한 존재가 약한 존재를 지배하는 것은 자연계의 생존 본능이다. 동물이나 식물의 세계는 치열한 경쟁 그 자체이고, 경쟁에서 뒤처진 종들은 도태되어 진화의 길에서 밀려나 버린다. 진화는 우수한 종들의 여정이다.

이렇게 진화론에 대한 뿌리 깊은 오해와 인간 세상의 경쟁을 정당화하려는 다양한 해석들이 자연의 동물과 식물의 생존 방식을 오로지 경쟁으로만 그려 낸 것이다.

그러나 숲의 나무들은 서로 경쟁 관계가 아니었다.

"티디띠디띠디틱……."

깊은 숲의 나무들은 서로 이야기를 주고받고 있다. 이야기 끝에 서로를 돕기 위해 물질도 주고받는다. 필요한 경우 탄소를 주고받고, 질소와 인까지도 건네준다. 숲의 반은 땅 위에 있지만 나머지 반은 땅 아래에 있다. 우리가 모르던 땅 아래에 또 다른 숲의 세계가 있다. 그곳에는 서로 돕고 협력하는 공생의 세계가 펼쳐져 있다. 겨울, 자작나무의 잎이 모두 땅으로 돌아간 뒤, 여전히 푸른 바늘잎을 달고 있는 전나무가 자작나무에게 양분을 나눠 주는 것을 확인할 수 있었다. 숲의 방식을 인간의 편의대로 해석한 탓에 적자생존이라는 말로 식물들을 경쟁의 관계로 정의 내렸다. 하지만 식물들은 경쟁을 하지만 상대를 공격하거나 제거하는 경우는 매우 드물다. 그들은 그들에게 주어진 기회를 최대한 효율적으로 활용하고, 또 모두 함께하기 위해 땅 밑에서 부지런히 서로를 챙긴다.

세월이 흐르고 실험은 더 다양해졌다.

'나무도 자기 유전자를 물려받은 친족을 구분할 수 있을까?'

'해충의 공격을 받으면 해충의 공격을 방어하는 물질도 교환할까?'

나는 답을 찾기 위해 균근을 통해 연결된 나무들의 네트워크 지도를 그렸다. 그리고 균사로 연결된 나무들의 DNA를 분석하는 길고 긴 작업이 이어졌다. 이번에도 내 예상은 어긋나지 않

았다.

"박사님, 이 나무는 마치 어머니 나무 같아요. 이 사이트에서 가장 많은 나무와 연결되어 있어요."

연구를 돕던 후배가 한 나무를 가리켰다. 크고 늙은 나무는 숲의 네트워크에서 다른 어떤 나무들보다 훨씬 많은 나무들과 연결되어 있었다. 게다가 자신과 유사한 DNA를 가지고 있는 나무와는 더 많은 균사로 연결되어 있었다. 그로써 충분한 양분과 해충에 저항하는 방어 물질들을 다른 나무들에 공급할 수 있었을 것이다. 어머니가 자녀를 키우듯이 말이다. 심지어 어머니 나무가 예기치 못한 죽음을 맞이할 때면 자신에게 남아 있는 유용한 물질들을 모두 뿌리로 내려보내 연결된 네트워크로 전달하는 것도 발견했다. 자신의 죽음을 알고 후손에게 유산을 남겨 주는 것처럼 말이다.

숲은 무자비한 경쟁의 전쟁터가 아니다. 물론 숲은 무한한 관용을 베푸는 성직자들의 예배당도 아니다. 숲에는 갈등도 있지만, 갈등을 해결하는 협상도 있고, 협력과 나눔도 있다. 서로 연결되어 의존하며 함께 살아가는 공생의 장소다. 나무들은 서로를 돕고 있다. 나이가 많은 오래된 나무는 숲의 역사만큼 깊은 지혜를 가지고 숲을 보살피고 있다.

숲의 모든 것이 숲이다

나는 지금 나의 강연에서 해답을 찾고 희망을 찾으려는 대중들 앞에 서 있다. 너무나도 밝은 조명 탓에 무대 위에서는 관중석의 사람들을 볼 수 없었다. 하지만 사람들이 나를 지지하고 있다는 것을 느낄 수 있었다. 너무나도 분명하게.

그동안 거대 목재 회사들은 나의 연구를 들으려고도 하지 않았다. 숲을 완벽하게 청소해 버리는 방식의 벌목 작업은 길게 보아 경제적으로 더 손해를 볼 뿐이라고, 크고 오래된 나무를 마구잡이로 베어 내는 건 숲의 어머니들을 죽여 고아 나무들을 만들어 오히려 숲의 재생력을 없애는 일이라고 열심히 설득했지만 돌아오는 답은 비웃음뿐이었다. 처음에는 학계에서도 반응이 없었다. 하지만 유사한 다른 연구 결과들이 뒤를 이으며 내 연구를 지지했고, 환경 파괴와 기후변화가 위기로 치달으며 대중적인 관심도 커졌다.

"저는 확실하게 말할 수 있습니다. 오래된 나무들을 모두 베어서는 안 됩니다. 벌목을 금지하자는 이야기가 아닙니다. 적절하게 베어야 한다는 뜻입니다. 어머니 나무를 지켜야 거대한 공동체인 숲이 오래도록 살아남을 수 있습니다. 숲은 공동체를 이루고 있습니다. 거대한 균근으로 연결된 네트워크를 통해 서로 소통하며 돕고 있습니다. 나무들은 서로 의지하며 모두가 모두를 돕고 있습니다."

침을 삼켰다. 입 안이 바짝 타들어 갔다. 프레젠테이션 리모컨을 쥐고 있는 손이 축축했다.

"숲을 들여다보세요. 숲의 모든 것이 숲입니다. 숲의 흙, 씨앗,

곤충과 낙엽, 곰팡이, 바람…… 이 모든 것이 숲입니다. 다양성이 지켜질 때 숲이 재생되고 번성해 기후변화에 따른 가뭄이나 병충해로부터 스스로를 지켜 낼 수 있습니다."

어릴 적 숲에서 거대한 나무를 쓰다듬던 할아버지의 투박한 손이 떠올랐다.

"여러분, 숲으로 가십시오. 다시 숲과 어울려야 할 때입니다. 그곳에서 지구를 지킬 수 있는 회복력과 재생의 힘을 만나게 될 것입니다."

박수 소리가 들렸다. 환호하는 소리도 들렸다. 순간 나는 거대한 숲속에 있었다. 그리고 내 옆에는 나이 든 어머니 나무가 서 있었다.

이야기 둘, 사라진 숲 기자회견

이야기꾼입니다. '우드와이드웹(WWW, Wood Wide Web)'이라는 이야기를 들은 적이 있습니다. 우리가 사용하는 인터넷인 월드와이드웹과 같은 연결망이 숲에도 있다는 이야기를요. 그래도 이렇게까지 정교하게 연결되어 있을 줄은 몰랐죠? 진화론에 대한 오해 때문인데, 우리는 생태계 안에서 동물들이나 식물들이 서로 경쟁만 한다고 생각하죠. 그런데 시마드 박사의 연구는 숲의 나무들이 서로를 보살피고 돕는 공생 관계라고 밝혔어요. 만물은 서로 돕는다는 거죠.[3]

기후변화가 심해지면서 숲에 대한 관심이 늘었습니다. 숲의 나무는 광합성 작용을 통해 공기 중의 온실가스인 이산화탄소를 제거하는 일을 하고 있어요. 또, 숲은 계절이 바뀌고 해가 바뀌면서 쌓인 낙엽이나 부러진 가지 같은 유기물들을 숲의 토양에 남깁니다. 얼마 전까지 공기 중에 있던 탄소가 광합성으로 잎이나 가지로 이동했다가 다시 토양에 저장되는 거예요. 이 중 일부는 세균에 분해되어 대기 중으로 다시 배출되지만, 일부는 남습니다. 숲이 탄소 저장고 역할을 하고 있지요.

이렇게 숲은 바다와 함께 대기 중에 배출된 이산화탄소의 절반 가까이를 흡수한답니다. 그러니 숲이 광합성을 잘하고, 숲이 유기물을 잘 보존하도록 건강하게 관리하는 것이 중요하죠. 그런데 2021년 봄이 끝나 갈 무렵, 우리나라 뉴스에서 난리가 났어요. 민둥산이 되어 버린 산들이 출몰하기 시작했거든요. 동물 가죽을 벗기듯 홀라당 벗겨진 산들이. 도대체 무슨 일이 일어난 것일까요? 이야기꾼과 함께 산림청이 마련한 기자회견장으로 가 봅시다. 저기 마이크 앞에 선 산림청 관계자가 아크릴판 너

머로 흐릿하게 보이네요. 매우 피곤해 보여요. 며칠 잠도 못 잔 게 분명해요.

"음, 마이크 나오나요? 들리죠? 네, 안녕하십니까? 저는 산림청의 정책을 담당하고 있습니다. 국가가 정책을 입안하고 실시하는 과정에 많은 애정을 가지고 여러 의견들을 주셔서 감사합니다. 그러나 오해가 있는 부분도 있어서 적극적으로 설명을 드리려고 합니다.

다들 아시다시피 나무는 광합성으로 이산화탄소를 흡수합니다. 하지만 사람처럼 나무도 숨을 쉽니다. 나무가 호흡할 때는 이산화탄소를 배출하고요. 나무가 어릴 때는 호흡량이 적어 문제가 없지만, 나이가 들수록 호흡량이 늘어난다는 사실을 간과해서는 안 됩니다. 광합성은 엽록소가 있는 잎에서 일어나는 작용입니다. 그런데 나무는 자랄수록 광합성을 하지 못하는 가지나 줄기도 많아지죠. 물론 잎도 많아지지만 그 차이가 점점 줄어듭니다. 그러니까, 결과적으로 탄소 흡수 능력이 떨어진다는 말이죠. 조사 결과, 탄소 흡수량은 나무가 3영급[4] 정도에 최대가 되고 그 이후부터는 점점 줄어듭니다.

그래서 이 시점에 있는 나이 든 나무들을 베고 어린나무를 심어야 숲의 탄소 흡수량을 최대로 유지할 수 있습니다. 즉, 숲의 탄소 흡수 능력을 효율적으로 관리하려는 것이죠. 그래서 우리 산림청에서는 탄소 중립 실현을 위해 30년 동안 30억 그루의 나무를 새로 심을 계획을 세웠습니다."

산림청도 나름대로 다 계획이 있었네요. 그런데 어쩌다 홀라당 껍질 벗겨지듯 숲이 몽땅 사라져 버린 산의 모습이 언론에 공개되었을까요? 왜 30억 그루의 나무를 심는데 산이 민둥산이 되었을까요? 이야기를 좀 더 들어 보죠.

"그런데 우리나라에는 나무 30억 그루를 심을 만한 곳이 없어요. 이미 쓸 만한 땅은 아파트가 들어섰거나 논이나 밭이 되어 버렸고, 기존의 숲에는 나무들이 한창 자라고 있으니까, 기껏해야 도심의 공원이나 가로수 말고는 추가로 더 심을 만한 곳이 없지요. 게다가 30억 그루나 되잖아요. 그래서 산과 숲의 오래된 나무들을 베어 낼 수밖에 없는 겁니다."

아, 지금 산림청 자문 위원으로 일하고 있다는 숲 박사님이 마이크를 넘겨받네요.

"제가 추가 설명을 하겠습니다. 큰 나무는 작은 나무보다 전체적으로 같은 시간 동안 더 많이 자랍니다. 그 양을 2라고 할 때 어린나무는 1만큼 자랍니다. 그런데 만약 나이 든 큰 나무 한 그루를 베어 내면, 그 자리에 어린나무를 몇 그루나 심을 수 있을까요? 열 그루를 심을 수 있습니다. 간단한 계산을 해 보죠. 큰 나무 한 그루가 2만큼 자라면서 탄소를 그만큼 흡수하는 곳에다 1만큼 자라는 어린나무 열 그루를 심어서 탄소를 10만큼 흡수하게 하여, 결과적으로 5배나 더 많이 흡수하게 된다는 게 우리 측 계산입니다."

산림청 관계자가 다시 이야기를 이어 갑니다.

"감사합니다, 박사님. 물론 산림청에서도 모든 국토에 있는 3영급의 나무를 다 베겠다는 것이 아닙니다. 국립공원이나 휴양림, 또 산림 유전자원 보호구역과 백두대간[5]의 숲은 당연히 그대로 보존합니다. 단, 전체 숲의 3분의 1에 해당하는 경제림[6]에서만 나무를 벨 계획입니다. 그런데 경제림은 모두 사유지입니다. 아시는지 모르겠지만 우리나라 숲의 67퍼센트가 사유림입니다. 그분들의 재산권도 보장해 줘야 합니다. 나무를 심어 길러서 수확해 경제적 이익을 만들어야 합니다. 기자님들도 나무를 벤다는 표현 말고 '수확'한다는 용어로 써 주시면 감사하겠습니다."

나무를 수확한다니. 마치 과일나무에서 과일을 수확한다는 말처럼 들리죠? 경제적 가치를 가지고 숲을 관리해야 한다는 말이군요. 저기 기자증을 목에 건 사람이 손을 높이 들었네요.

성격이 급한가 봐요. 질문을 해도 된다는 말을 기다리지 않고 질문을 합니다.

"30년밖에 안 된 나무들은 베어 내면, 아 참, '수확'하면 가치가 얼마나 되나요? 30년밖에 안 된 나무들은 집을 짓거나 가구를 만드는 목재[7]로 쓰이지 못하는 것으로 압니다. 베어 낸 나무의 90퍼센트가 땔감, 합판이나 종이를 만드는 데 사용된다고 알고 있습니다. 나무를 수확하지 말고 적극적으로 가꾸고 관리해서 휴양림 등의 용도로 사용하는 것이 경제적으로 더 이익 아닌가요?"

기자님 말이 일리가 있는 듯한데요? 컴퓨터로 열심히 기사 내용을 입력하고 있던 앞줄의 다른 기자도 손을 들었어요. 컴퓨터 화면을 바라보며 속사포처럼 질문을 하네요.

"방금 전 질문과 관련이 있는 질문입니다. 연구자들에 따르면, 30년 된 숲 1헥타르의 나무를 모두 베어 봐야 100만 원 정도의 수익이 생긴다고 합니다. 그런데 저희가 조사한 바로는 900만 원의 이익을, 그것도 국고에서 챙기는 사람들이 있었습니다. 바로 산림조합입니다. 나무를 베어 내면 무조건 다시 나무를 심고 관리해야 하며 그 비용은 국가가 지원한다는 산림법을 악용하고 있는 거 아닙니까? 취재 중에 만난 산의 소유주들도 산림조합이 먼저 나무를 베어 버리자고 권했다고 말했습니다. 그렇다면 이익이 산의 소유주가 아니라 엉뚱한 곳으로 흘러가고 국고도 낭비되고 있다는 것 아닙니까? 사실입니까?"

"에, 음……, 현재로는, 기자님이 말씀하신 것과 같은 문제가 있는 것이 맞습니다."

아이고, 숲 박사님의 대답에 여기저기서 웅성거리네요. 산림청과 산림조합이 비리 결탁을 한 것 아니냐고 쑥덕이는 소리도 들려요. 나무들이 목재로 팔려 가기에 적당하지 않았을 테니 아무리 축구장 크기의 숲에서 나무들을 모두 베어 냈다고 해도 산의 소유주에겐 고작 100만 원밖에는 이익이 생기지 않았나 봐요. 국가 지원금은 엉뚱하게 산림조합이 가져가고 있었고요.

숲을 베어 내고 나면 반드시 다시 나무를 심고 가꾸어야 한다는 법령이 있습니다. 물론 이때 들어가는 비용의 90퍼센트를 국가가 지원하죠. 보통은 이 사업을 산림조합이 위탁받아 대리 경영을 하고요. 이때 산림조합이 일정한 비율의 금액을 경비로 가져간다고 해요. 그런데 워낙 사업 규모가 크다 보니 금액이 상당한가 봐요.

"흠흠, 좀 조용히 해 주십시오. 조용히, 조용히 해 주십시오."

순간 장내 소란이 잠잠해졌어요. 숲 박사님은 목소리에 잔뜩 힘을 주며 이야기를 이어 갑니다.

"일부 법의 테두리 안에서 부작용이 있는 것은 부정하지 않겠습니다. 우리도 국민들의 우려를 잘 알고 있습니다. 하지만 산림청의 나무 심기 사업이 경제적 측면이 아니라 기후변화에 대비하기 위해서라는 사실을 잊지 말아 주시기 바랍니다. 우리나라 숲은 1970년대부터 집중적으로 만들어졌습니다. 그래서 숲의 70퍼센트가 특정 영급에 모여 있습니다. 게다가 인공적으로 조림되어서 나무의 종류도 다양하지 못합니다. 단일 수종으로 구성된 숲 생태계, 이런 숲은 기후변화에 더할 나위 없이 취약합니다. 그래서 이제는 더 미룰 수 없습니다. 적극적으로 숲을 경영해야 합니다. 이대로 그냥 방치한 채 2050년이 되면 우리 숲은 이산화탄소를 흡수하는 능력이 현재의 3분의 1로 떨어질 거예요. 그것도 거의 전 국토의 숲이 한꺼번에 3분의 1로 낮아질 것으로 예상됩니다. 그때 가서는 어떤 대책도 마련할 수가 없습니다."

숲 박사님이 얼굴까지 붉혀 가며 열심히 답변하고 있지만, 기자들은 아예 들을 생각이 없나 봐요. 벌써 신문 헤드라인을 뽑아서 기사를 내보내고 있네요. '30억 그루 나무 심기 사기극', '산림청이 저지른 엄청난 사건', '탄소 중립 명목으로 오히려 파괴되는 숲…….' 질문의 봇물이 터진 기자들이 여기저기서 손을 흔들고 목소리를 높여 대는 바람에 기자회견은 이제 더 들을 것도 없을 듯해요.

엉뚱하게 산림조합이 끼어들면서 이야기가 복잡해졌네요. 이야기꾼이 사건을 좀 정리해 보겠습니다. 우선 산림청은 기후변화를 막기 위해 숲의 탄소 흡수량을 늘리려는 계획을 세웠어요. 그 계획 중에 2050년까지 탄소 중립을 실현하기 위한 전략 중 하나로 30억 그루의 나무를 심겠다고도 발표했어요. 자, 30억 그루의 나무를 어디에 심어야 하느냐가 문제입니다. 그런데 숲이 나이가 들면 탄소 흡수량이 감소하니, 그런 나무들을 베어 내면, 30억 그루의 나무도 심을 수 있고, 숲의 탄소 흡수량도 늘릴 수 있죠. 그래서 나무를 벨 수 있는 벌기령[8]을 낮추고, 나이 든 숲을 '탄소 순환림'으로 정해 그 숲의 나무를 모두 베어 내고 새로 어린나무를 심겠다는 계획을 밝혔죠. 이렇게 하면 숲이 흡수하는 탄소량이 5배 가까이 증가한다고 이야기를 하면서요.

그런데 산림청의 계획이 진짜로 실행되기도 전에 전국에 민둥산이 출몰하고 있다는 보도가 나오기 시작했어요. 나무를 베는 사람들이 산림청 지원금으로 이득을 챙기고 있다는 뉴스도 보도되었고요. 우리나라에는 제대로 된 현대식 벌목 기계가 없어서 공사장 포클레인으로 온 산을 헤집고 다니며 모두베기(개간) 작업을 하는 바람에 순식간에 껍질을 벗겨 내듯 숲에 나무가 사라지고 누런 맨흙이 드러나고 말았던 거예요.

이야기꾼이 좀 더 조사해 보니 벌기령은 이미 2014년도에 낮춰졌더라고요. 그러니 이 사건은 까마귀 날자 배 떨어진 격이죠. 하지만 그리 억울할 것도 없는 게 이미 까마귀는 배를 먹기로 작정을 했잖아요. 아니, 이미 배를 먹고 있었다고 하는 편이 더 맞겠네요. 벌기령은 이미 낮아져 있었으니, 나무의 나이만 맞는다면 몽땅 베어 내 버린 거죠. 게다가 슬쩍 숟가락을 얹고 이익을 보려고 한 집단도 있었을 테고요.

아직 더 많은 이야기가 남아 있을 것 같네요. 사실에 좀 더 가까이 다가가 봐야겠어요. 다른 이야기도 들으러 가 볼까요?

이야기 셋, 나무 30억 그루, 1조 그루로 막으려 하는 것들

이야기꾼은 지금 산림청의 '30억 그루 나무 심기'를 반대하는 시위 현장에 나와 있습니다. 벚꽃이 아직 피지는 않았지만 봄날의 기운이 완연한 햇살 좋은 날입니다. 아, 꽃 타령 하고 있을 때가 아니죠. 노란색 현수막을 길게 펼쳐 들고 있는 사람들이 보이네요. "탄소 중립 빙자한 산림청의 벌목 정책 규탄한다!"라고 쓰인 현수막을 들고 서 있는 분들의 표정이 굉장히 진지합니다. 저기 인쇄물을 나눠 주고 있네요.

전단에는 번호가 붙은 네 가지 이야기가 적혀 있어요. 한번 읽어 볼까요?

"음, 1번, '숲=탄소'가 아닙니다. 숲은 무수히 많은 생명체들의 집입니다. 숲을 탄소를 흡수하는 용도로만 생각해서는 안 됩니다. 숲의 가치를 탄소 흡수량으로만 환산하는 것은 모든 걸 경제 논리로 바라보는 것과 같습니다. 탄소 흡수량만 계산해 30년밖에 안 된 나무를 모두 베어 내고 어린나무를 심는 것은 미래를 저당 잡는 행위입니다. 숲은 잘 가꾸어 미래 세대에게 물려주어야 하는 지구의 선물입니다."

선물 같은 숲이라니, 참 잘 쓴 글이에요. 맞아요. 숲은 탄소 흡수원이기도 하지만 생체 에너지로 가동되는 대형 가습기이기도 해요. 땅속에 스민 비를 공기 중으로 다시 돌려보내 육지에서 물의 순환을 일으키지요. 게다가 지구 생태계의 수많은 생명체들이 사는 보금자리이기도 하고요. 숲은 귀한 선물이죠. 그다음 이야기도 읽어 볼게요.

"2번, '나이 든 나무=탄소 흡수 능력 불량'은 과학적으로 검증되지 않은 말입니다."

오, 다른 과학적 근거들이 있나 본데요?

"첫째, 3영급, 30년 된 나무의 탄소 흡수량이 줄어들지 않는다는 연구 결과도 있습니다. 둘째, 산림청은 나무의 탄소 흡수량만 계산하고 숲과 토양에 저장되어 있는 탄소 흡수량을 빼먹는 실수를 저질렀습니다. 셋째, 30년 된 나무는 나이 든 나무가 아니라 청년 나무입니다. 넷째, 모두베기 방식이 아니라 나무를 솎아 베어 낸다면 나무를 베어 내면서도 숲을 가꿀 수 있고, 이런 숲은 더 크고 더 빠르게 생장할 수 있습니다. 모두베기로 트랙터가 토양을 흔들어 놓으면 숲의 유기물이 사라져 묘목을 심어도 깊은 숲이 될 수 없습니다."

맞아요. 이야기꾼도 나무의 나이에 따른 탄소 흡수량에 대한 연구 중 산림청의 주장과 완전히 다른 결과를 보여 주는 논문을 읽은 적이 있어요. 예를 들어 오래된 나무는 어린나무보다 광합성 효율은 떨어지지만 전체 잎의 양은 더 많아요. 직경이 100센티미터인 나무는 계속 성장하며 해마다 더 많은 가지를 키우고 더 많은 잎을 틔워 직경 10~20센티미터인 나무를 해마다 새로 심는 것과 같은 효과를 낼 수 있다는 계산이었어요. 과학자들의 연구 결과가 저마다 다른 이유는 연구 조건이나 대상이 되는 숲의 환경이 달라서 그럴 거예요. 예를 들어 열대의 숲과 중위도의 숲, 고위도의 타이가 숲은 분명 다른 결과가 나올 거예요. 이야기꾼도 우리나라 숲을 대상으로 연구를 더 진행해야 좀 더 바른 답을 찾을 수 있다고 생각해요.

또 산을 갈아엎어 어린나무를 심었는데 나무가 잘 자라지 못하면 무슨 소용이 있겠어요? 숲에 동물, 식물, 박테리아, 균사, 층을 이루는 여러 나무가 더불어 우거져야 어린나무가 잘 자랄 수 있어요. 중요한 건 숲의 건강이죠. 숲에 전염병이 돌면 광합성량이 줄어들고, 산불이 나면 이산화탄소가 배출돼요. 숲이 탄소 흡수원에서 배출원으로 돌아서는 걸 막아야 해요. 그러려면 무분별한 개발과 벌목을 막고 산불과 병충해에서 숲을 보호하고

가꾸어야 해요. 계속 읽어 볼게요.

"3번, '숲=돈'으로만 환산해서는 안 됩니다. 숲을 경제적 가치로만 환산해서는 안 됩니다. 숲은 경제적으로 환산할 수 없을 만큼 큰 공익적 가치를 가지고 있습니다. 숲은 홍수와 산사태를 막아주고 물을 정화합니다. 수증기를 뿜어 도시 온도를 낮춰주고, 오염물질을 흡착해 공기를 맑게 만듭니다. 숲은 인류에게 쉼과 회복을 주는 곳입니다. 이는 덜 자란 나무를 베어 합판으로 쓰는 것보다 훨씬 더 큰 가치입니다."

이야기꾼도 앞선 기자회견에서 나무를 '수확'한다는 말을 들었을 때 낯설긴 했어요. 숲에서 버섯이나 고사리를 수확하기는 하죠. 하지만 그렇다고 나무에까지 그런 표현을 쓰다니, 너무 경제적인 관점으로만 숲을 바라보는 건 아닐까요? 숲이 주는 초록의 쉼을 생각해 봐요. 숲에 들어서면 누구나 아무것도 안 해도 평화로움과 충만함을 느끼죠. 때론 신비롭기도 해요. 숲의 수많은 나무와 나무보다 더 많은, 눈에 띄지 않는 뭇 생물들이 만들어 내는 '생명'의 느낌. 이것만으로도 숲에는 분명 돈으로 셈할 수 없는 가치가 있는데, 이것을 드러내 주는 뭔가가 있으면 좋겠다는 생각이 듭니다. 마저 읽을게요.

"4번, 탄소 흡수량 실적 채우기에 급급한 산림청은 산림파괴

청입니다. 탄소 감축 목표의 숫자 채우기에만 매달려 멀쩡한 숲을 모두 베어 내고 어린나무를 심는 것은 건강한 숲을 파괴하고 부실한 숲을 만들어 오히려 기후변화를 유발하는 행위입니다."

"5번, 탄소 중립은 석탄화력발전소 폐지로! 트럼프 전 미국 대통령이 기후변화협약에서 탈퇴하며 1조 그루 나무 심기[9]로 기후변화를 막겠다는 것과 우리나라 정부가 민둥산을 만들어 가며 30억 그루 나무 심기로 기후변화를 막겠다는 것, 둘은 똑같이 보여 주기식 행정일 뿐입니다. 탄소 중립은 석탄화력발전소 중지에서 답을 찾아야 합니다."

30억 그루 나무 심기, 어디서 많이 들어 봤다 했더니 트럼프 미국 전 대통령의 1조 그루 나무 심기랑 똑 닮은 말이었군요. 나무와 숲을 도구로만 보니까 1조 그루니 30억 그루니 이런 말이 나오는 것 같아요. 일하는 사람의 마음은 아랑곳없이 외치는 '수출 증대', '생산량 증대' 이런 투의 말이랑 똑 닮았잖아요. 이제는 '빠른 가치'와 '느린 가치'를 구분해야 하지 않을까요? 직접적으로 빨리 이윤을 만들어 내는 경제적 가치도 중요하지만, 시간이 오래 걸리고 당장 눈에 보이는 이익이 없더라도 돈보다 더 큰 가치를 만들어 내는 느린 가치도 중요해요. 인간과 지구 모두를 위한 공익적 가치라면 더욱 중요하죠. 이 둘을 구분해야 인간이 숲을 제대로 이해하고 오래도록 함께 갈 수 있을 것 같아요. 기후변화를 막는 동맹군으로 말이죠.

참, 산 주인이라고 밝힌 분에게서 만나자는 연락이 왔어요. 또 다른 이야기를 들어 볼 좋은 기회네요.

만남 하나, 숲과 나무는 누구의 것일까?

"다들 잘 모르시는데, 산에도 주인이 있습니다. 제가 바로 이 산 주인입니다. 우리 부모님이 땀 흘려 번 돈으로 산과 땅을 사서 저한테 물려주셨고, 해마다 세금도 내고 나무 한 그루, 풀 한 포기 모두 다 제 손으로 가꿉니다. 근데 고래 싸움에 새우 등 터지는 꼴이 이런 것 아닌가 싶어서, 내 원 참.

아니, 내가 내 산에서 난 나무를 베어서 목재로 팔아 푼돈이나 좀 벌어 보려고 하는데, 그게 이렇게 비난받고 정부 규제까지 받을 행동입니까? 이게 다 30년 동안 나무 3억 그루 베어 내고 30억 그루 심겠다는 그 발표 때문에 그런 거 아닙니까. 그 전에는 되던 것인데, 이번에 정부가 탄소 중립인지 탄소 중지인지를 한다고 나서는 바람에 환경 단체들이 들고일어나서 다 막혔어요. 완전히 정부와 환경 단체라는 고래 싸움에 끼어서 우리

임업인들 등만 터진 꼴이죠. 전국에 나 같은 산 주인들이 200만 명이나 있어요. 내 땅인데 아무것도 못하고 손 놓고 있어야 하는 산 주인들이 말이죠.

뭐, 물론 나무를 심을 때 정부가 돈을 대 준 것은 맞아요. 하지만 내 땅이잖아요. 몇십 년을 기다려서 간신히 나무를 베는데, 이것도 안 되고 저것도 안 된다고 하면 어떡합니까? 그 뭐냐, 우리는 자유민주주의 국가니까 내 재산에 대한 권리를 인정해 줘야 하는 거 아니에요?

우리나라에 사유림이 거의 70퍼센트나 되는 거 아세요? 그런데도 이 중 절반 가까이는 재산권 자체를 행사 못 해요. 보호림이라는 거죠. 그나마 경제림이라고 지정받은 산만 나무를 키워 목재로 팔 수 있어요. 그렇게 얼마 되지도 않는 내 권리를 좀 행사하겠다는데 그게 왜 비난을 받을 행동이라는 겁니까?

경제림이라고 해서 아무 때나 나무를 벨 수도 없어요. 그냥 베면 다 불법이에요. 일정한 나이가 안 되면 나무를 벨 수 없게 법으로 정해 놓았고, 실제로 나무를 베려면 관청에서 허가를 받아야 하고, 또 나무를 베어 낸 산에는 의무적으로 다시 나무를 심도록 그것도 법으로 정해 놨어요. 이렇게 까다로운 법을 수십 년을 말없이 지키다가 이제야 겨우 나무를 베어서 수익을 내려고 한 건데, 이럴 수 있습니까? 그것도 실은 얼마 되지도 않는 돈이에요. 그런데 여기다가 또 다른 법[10]을 만들어서 나무 베기를 더 어렵게 만드는 건 나라가 내 재산을 뺏어 가는 거랑 뭐가 다릅니까? 많이, 아주 많이 억울합니다.

게다가 지금 산에 있는 나무들은 하질의 나무들이에요. 왜 그런지 아세요? 그것도 다 나라에서 한 일이에요. 꽤 되었죠. 우리 아버지 때 산에 나무를 빨리 키운답시고 빨리 자라는 아까시나무나 리기다소나무를 집중적으로 심었어요. 그래서 실은 지금 나무들은 목재 가치가 거의 없어요. 쓴다면 땔감이나 합판으로나 쓸까요? 그러니 경제적 가치가 적은 다 자란 싸구려 나무들을 베어 내고 가구도 만들고 집도 지을 수 있는 가치가 있는 나무를 다시 심어야 해요. 그래야 그 뭐냐 요즘 유행하는 지속 가능한 그런 임업이 되는 거 아니겠습니까? 답답합니다. 참 답답합니다.

남들에게는 보기 좋은 숲이고 나무지만 저에게는 먹고살아야 할 재산으로서의 가치도 있는 것 아닙니까? 저도 잘 자란 자식 같은 나무를 함부로 베고 싶지 않습니다. 베지 않고도 돈이 된다면, 아니 숲을 더 울울창창하게 잘 가꾸어 돈이 된다면 어떤 산 주인이 산을 전부 베어 버리겠습니까?”

산 주인 뒤로 나무들 사이에 걸린 현수막이 보이네요. "정상적인 산림 경영 보장하라, 보장하라!", "산주의 재산권을 보상하라! 보상하라!"라고 쓰여 있어요. 아이고, 이거 여러 사람들의 사연들이 얽혀 있군요. 이야기 듣기 좋아하고 이야기하기 좋아하는 이야기꾼도 마음이 복잡해지네요.

벌거숭이 숲 논쟁이 남긴 것

이 사건으로 정부는 대학교 교수들과 환경 단체에서 몇 명씩 사람들을 뽑아서 민관 협의체를 구성했어요. 그리고 3개월간 22차례의 회의 끝에 합의안을 만들었습니다. 그 내용을 살펴볼까요?

가장 먼저 "30년 동안 3억 그루의 나무를 베고 30억 그루의 어린나무를 심겠다."라는 큰 타이틀을 떼어 내기로 결정했어요. 대신 "베고-쓰고-심고-가꾸는 산림의 순환 경영과 보전·복원"으로 바꾸었다고 해요. 보전할 산림은 보전하고 경제림을 중심으로는 베고, 쓰고, 심고, 가꾸겠다는 것 같은데, 이야기꾼은 정확하게 구분할 수가 없네요. 왜냐하면 앞선 산림청의 기자회견에서도 베고-쓰고-심고-가꾸는 산림의 순환 경영을 하겠다면서 30억 그루의 나무를 심을 계획을 이야기했거든요. 하여튼 30년 동안 30억 그루의 나무를 심어야 한다는 실적 위주의 목표를 없앴으니, 조금은 부드러운 순환 경영이 되길 기대해 보려고요.

그리고 벌기령, 즉 나무를 베어 낼 수 있는 나이를 낮추는 것도 삭제했대요. 사유지이지만 보호림인 경우 산 주인들의 재산권을 어떻게 보호할 것인지도 논의했다고 해요. 역사적 가치가 높은 건물을 마음대로 못 고치게 하는 대신 집주인에게 금전적인 보상을 하는 것처럼, 나무를 베어 파는 대신 숲을 가꾸고 보존하는 산 주인에게는 보상을 해 주는 거죠. 숲의 공익적 가치에 공감해 개인의 산이지만 공공재 역할을 한다면 그에 걸맞은 보상을 해 주는 방식이에요.

경제적 이용을 목적으로 나무를 벨 때도 땔감용 장작으로 만들어 탄소를 배출하게 하는 대신, 나무가 오랫동안 흡수한 탄소를 그대로 간직하도록 가구나 건축용 목재로 사용하자고 했어요. 그리고 나무를 베어 낼 때 어쩔 수 없이 나오는 잔가지나 버려지는 부분을 석탄화력발전소에 보내지 말자는 이야기도 나왔다고 해요. 왜냐하면 알뜰한 재활용처럼 보이지만 나무가 탄소를 가장 많이 배출하는 석탄화력발전소의 연료가 되는 건 기후변화를 막는 게 아니라 오히려 일으키는 일이니까요.

그렇게 벌거숭이 숲 논란이 일단은 마무리가 되었어요. 나무 심기 논쟁은 우리나라에만 있었던 것은 아니었어요. 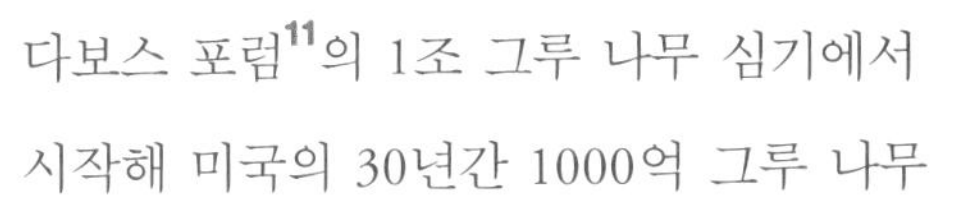 다보스 포럼[11]의 1조 그루 나무 심기에서 시작해 미국의 30년간 1000억 그루 나무 심기, 캐나다의 10년간 20억 그루 나무 심기 등의 정책이 제안되고, 또 반대에 부딪히는 일들이 있었답니다. 숲의 가치를 어디에 두느냐에 따라 서로의 입장이 다르고 문제의 해결 방향도 달라지기 때문이죠. 예를 들어 숲은 태양에너지 반사율인 알베도가 낮아요. 따라서 단순히 비교하면 숲이 없는 땅이 숲보다 반사율이 높아 지구 기온을 낮출 수 있죠. 그렇다고 숲을 없애는 게 기후 위기 해결에 도움이 된다고 말할 수 있을까요? 마찬가지로 나무가 탄소를 흡수한다고 해서 나이 든 나무를 베어 내고 그 자리에 1조 그루나 되는 엄청나게 많은 어린 나무를 무작정 새로 심으면 모든 문제가 해결될까요?

2021년 글래스고에서 열린 유엔 기후변화협약 당사국 총회

COP26에 모인 100여 개국 정상들은 2030년까지 삼림 파괴를 중단하겠다고 약속했어요. 삼림을 보호해서 기후변화를 막겠다는 거죠. 그런 내용을 담아 '삼림과 토지 이용에 관한 글래스고 정상 선언'에 합의하고 서명했고요. 이 선언에는 넓은 숲이 있는 나라인 미국, 중국, 캐나다, 러시아, 인도네시아, 콩고가 함께 했어요. 우리나라도 선언에 참여했죠.

그동안 열대우림은 식용유를 얻기 위한 팜나무, 가축 사료로 쓰이는 콩, 그리고 코코아나무 등을 가꾸기 위해 대규모로 파괴되어 왔어요. 그래서 이번에 우림을 훼손해 생산하는 팜유, 콩, 코코아 등의 수입을 제한하겠다는 약속도 했어요. 그런데 열대우림 보호를 위한 협약에 브라질 대통령도 서명했다고 해요. 브라질 대통령은 경제 활성화를 이유로 아마존 개발과 산림 벌채를 대폭 허용해 오스트리아 환경 단체에 의해 국제형사재판소에 고발되었거든요. 이상하죠? 일단은 협약을 이끌어 냈다는 사실에 박수를 보내고, 약속들이 잘 이행되는지 잘 지켜봐야 할 것 같아요.

듣고 말하고 생각 정하기

이야기꾼입니다. 다음은 내 생각을 정리하고 내 입장을 결정하는 데 도움이 될 질문들입니다. 미래 세대인 우리가 어떤 마음가짐으로 어떻게 행동해야 할지 함께 답을 찾아봅시다.

- 숲은 어떤 가치를 지니고 있으며, 그중 가장 중요한 가치는 무엇일까?
- 사유림의 재산권 보호와 공공재로서의 숲 보호가 충돌할 때 어떤 원칙에 따라 문제를 해결해야 할까?
- 산 주인의 재산권을 보장하면서 동시에 숲을 보호할 방법에는 무엇이 있을까?
- 동물에게 동물권이 있고 이를 보장해야 한다는 주장이 있다. 동물뿐 아니라 나무, 숲, 강, 토양의 권리를 법으로 만들어 보장하는 국가들도 있다. 이처럼 자연의 권리를 법으로 보장할 수 있는 근거는 무엇일까?
- 아파트를 짓기 위해 부지 면적만큼 숲을 파괴해야 하는 상황이다. 이때 숲을 파괴하는 행위가 불가피하다고 인정하려면 어떤 조건이 필요할까?

끝나지 않은 이야기

[1] 엄마 나무를 찾아서

수잰 시마드는 브리티시컬럼비아대학교의 산림생태학 교수예요. 시마드 박사는 거의 30년 동안 북아메리카의 북극, 온대 및 해안 숲에서 나무의 뿌리와 균류의 네트워크를 연구했는데, 이것은 전혀 새로운 연구 주제였어요. 숲에 대한 기존의 생각을 완전히 뒤집어 놓을 정도로요. 시마드 박사는 뿌리 끝의 DNA를 분석하고 땅속에서 이동하는 물질의 분자를 추적했어요. 그래서 균사가 숲 대부분의 나무, 심지어 다른 종의 나무들과도 연결되어 있다는 사실을 발견했어요. 탄소, 물, 영양소, 경고신호 및 호르몬이 땅속 네트워크를 통해 이 나무에서 저 나무로 전달되는 것을 발견한 거죠.

대체로 이런 양분이나 호르몬 등은 숲속에서 가장 오래되고 큰 나무에서 젊고 어린 나무로 흐르는 경향이 있다고 해요. 곤충이나 질병 등이 생길 때면 오래된 나무들은 마치 엄마처럼 화학물질로 된 경고신호를 주변의 어린나무들에게 보내 위험에 대비하도록 해요. 이 땅속 네트워크와 연결이 끊긴 어린나무들은 연결되어 있는 나무들보다 죽을 확률이 훨씬 더 높다고 합니다. 2015년 '엄마 나무를 찾아서'라는 프로젝트를 시작한 시마드 박사는 요즘 숲에서 가뭄이 발생했을 때 숲속의 네트워크가 어떻게 작용하는지를 연구 중이라고 해요.

https://suzannesimard.com/media

[2] 나무뿌리에 누가 누가 사나

균근은 뿌리 근처에 존재하며 식물에 각종 물질을 제공하고 영양분을 얻는 생물체예요. 식물의 뿌리와 균류가 서로 의지하며 공생하는 뿌리의 형태랍니다. 육지에 사는 95퍼센트의 식물은 균근을 가지고 있어요. 지구상에 존재하는 숲과 초원의 식물들은 뿌리에 대부분 공생 관계가 형성되어 있는 거죠.

3) 경쟁 대신 협동

러시아의 학자 표트르 크로포트킨이 1902년에 쓴 『만물은 서로 돕는다』라는 책이 있어요. 우리는 진화론을 너무 한쪽으로만 이해해서 생태계 내의 모든 생명체들이 서로 경쟁 관계에 있다고 생각하는 경향이 있지요. 그런데 크로포트킨은 서로 돕는 상호부조가 상호 경쟁보다 더 중요한 자연법칙이자 진화의 원리라고 주장했어요.

4) 나무 나이를 알고 싶다면?

영급은 나무의 나이를 구분하는 기준으로 1~10살의 나무는 1영급, 11~20살의 나무는 2영급, 21~30살의 나무는 3영급이라고 불러요. 우리나라는 나무의 72퍼센트가 30년 이상 된 4~6영급이라고 해요.

5) 한반도 숲 줄기

백두대간은 우리나라 산 중 백두산에서 시작해서 지리산에 이르는 한반도의 등줄기를 말해요. 북쪽에서부터 순서대로 백두산, 두류산, 금강산, 설악산, 오대산, 태백산, 속리산, 덕유산, 지리산이 백두대간에 해당하지요.

6) 숲의 종류

숲은 용도와 기능에 따라 몇 가지 종류로 분류해서 관리해요. 원시림, 천연림은 오래전부터 있어 온 자연적으로 형성된 숲을 말해요. 경제림은 목재 생산 등을 위해 계획적, 경제적으로 이용하는 숲이죠.

7) 집과 가구는 훌륭한 탄소 저장소

3영급 나무들은 목재로 쓸 만한 두께가 나오지 않는 경우가 많아요. 그래서 갈아서 접착제와 섞어 MDF라고 부르는 보드나 종이의 재료가 되는 펄프로 만들어요. 아니면 화력발전소에서 석탄과 섞어 땔감으로 쓰인다고 해요. 나무를 집이나 가구를 만드는 데 사용하면 나무가 자라는 동안 저장해 둔 탄소를 더 오랫동안 저장할 수 있죠.

8) 나무 한 그루 베는 것도 법대로 해야

벌기령이라는 말은 나무를 벨 수 있는 나이를 말해요. 산림청에서 벌기령을 정하는데, 2014년에 벌기령이 낮춰졌어요. 참나무는 50년에서 25년으로, 소나무는 50년에서 40년으로, 잣나무는 60년에서 50년으로, 낙엽송은 40년에서 30년으로요. 산림청은 산 주인의 사유재산 보호를 이유로 규제를 완화했다고 해요. 2021년 1월 산림청은 탄소 중립 전략을 발표하며, 이미 낮춘 벌기령을 더 낮춰 30년간 나무 3억 그루를 베고 그 자리에 30억 그루를 심겠다고 했어요.

9) 지구에 1조 그루 나무 심기 프로젝트

전 세계에는 나무가 얼마나 있을까요? 답을 찾은 건 얼마 되지 않아요. 2015년 예일대학교 토마스 크라우더 박사의 연구로 지구에 약 3조 그루의 나무가 있다는 것이 밝혀졌죠. 기존에 알고 있던 4000억 그루보다 훨씬 많은 양이지만, 인류의 등장 이후 약 절반의 나무가 사라졌다고 해요. 그런데 1조 그루를 추가해서 심겠다는 프로젝트가 있어요. 그러면 그만큼 탄소를 더 흡수, 저장하게 되고, 또 그만큼 기후변화를 막을 수 있다는 거죠. 미국 대통령이었던 트럼프는 경제에 피해를 준다는 이유로 기후변화협약에서 탈퇴하며 나무를 심어서 기후변화를 막겠다고 말했죠. 석탄화력발전소는 계속 가동하면서 배출되는 탄소는 나무를 심어 흡수하겠다는 거예요. 대통령이 바뀌고 미국은 2021년에 다시 기후변화협약에 복귀했어요.

10) 어느 곳에서 어떤 나무를 베면 되나요?

2021년 산림청은 나무를 깡그리 베어 버리는 벌채가 문제가 되자, 실태를 조사해 목재 수확 제도 개선 방안을 마련하고 새롭게 입법 추진을 하려고 해요. 그 내용은 급경사지, 계곡, 산 정상의 나무는 벨 수 없고, 이미 나무를 벤 지역 가까이에서는 4년간 나무를 벨 수 없고, 다른 벌목 지역과 충분한 거리를 두도록 했어요. 또 모두베기를 할 수 있는 면적을 기존보다 절반 가까이로 줄이고 (50헥타르→30헥타르), 넓게 베고 싶으면 민관 합동 심의 회의의 심의를 통과해야 벨 수 있다는 내용이에요.

11) 세계 경제 올림픽, 다보스 포럼이 기후변화에 대처하는 법

세계 경제인들이 해마다 모여 여는 다보스 포럼이라는 회의가 있어요. 이른바 세계 경제 올림픽으로 통하는데, 매년 전 세계의 정치계와 경제계 지도자 3000여 명이 참석하는 아주 큰 회의예요. 2020년 다보스 포럼에서 미국과 아마존, 인도 등지의 기존 숲을 보존하고 숲에 나무를 더 심어 대기 중의 이산화탄소량을 줄이겠다는 계획을 발표했어요. 그 회의에 참석한 미국 전 대통령 트럼프가 1조 그루 나무 심기에 동참하겠다고 선언했죠. 그 뒤 미국에서도 1조 그루 나무 심기에 대해 환경 단체들의 비판이 거셌어요.
1조 그루의 나무를 어디에다 심겠어요? 기존의 나무들을 베어 내야 가능한 일이죠. 그래서 계속 나무를 자르고 어린나무를 심어서 탄소 흡수량을 늘려야 한다는 주장과 어린나무들이 병들지 않고 잘 자라려면 시간과 에너지가 더 필요해서 당장 기후 위기를 막는 데 도움이 안 될뿐더러 오히려 벌목 산업을 보호하려는 그린 워싱(환경을 위하는 척 위장하는 것)일 뿐이라는 주장이 격돌했어요.

주제 3

갯벌과 논 습지

벼농사가 온실가스를 배출한다면 쌀 생산을 줄여야 할까?

안녕하세요, 이야기꾼입니다. 여기에서는 땅, 그중에서도 습지, 그중에서도 논 이야기를 들어 보려고 해요. 습지는 숲보다도 뛰어난 탄소 흡수 능력으로 탄소 중립을 이루는 데 큰 역할을 하고 있는데, 우리의 밥상을 책임지는 논에 대해서는 다른 이야기가 들리네요. 논에 무슨 사정이 있는지, 논에 사는 참게의 이야기를 들어 볼까요?

이야기 하나, 논에 사는 참게가 갯벌에 간 이유

이 힘, 저 힘, 달음박질치는 힘, 똥 눌 때 주는 힘, 쇳덩이가 저절로 움직이는 힘, 바다가 일렁이고 바람이 부는 힘. 온갖 힘들이 그득한 세상이오. 그러나 태평양 바닷가에 토끼 모양으로 생겨서 툭 튀어나온 한반도에는 이 힘이 최고 아니겠소. 그 힘이 무엇이냐? 바로 밥심이오. 아침도 밥, 점심도 밥, 그리고 저녁마저도 밥. 삼시 세끼 밥을 먹으니 밥심으로 사는 셈이오.

밥심이 나오는 곳이 바로 논이렷다. 그러한데 지구 기온이 희한하게 오르고 또 오르는 시절이라, 여러 나라에서 이 중한 논을 손가락질한다고 하오. 바로 논에서 온실가스가 적잖게 나온다는 이유라오. 이런, 이런. 밥심을 지켜야 하는데, 그렇다고 지구 기온이 올라가는 것을 모르쇠 할 수도 없고. 기막힌 노릇이라. 앞도 흐릿, 귀도 멍멍, 머리는 띵, 손발은 저릿저릿, 게딱지는 뜨끔뜨끔.

방금 내가 누구냐고 물었소? 난 게요. 게 중에도 논에 사는 참게. 눈은 몸뚱이를 벗어나 허공에서 뙤록뙤록. 어디까지가 얼굴인지 몸통인지 구분은 안 되지만, 미닫이문처럼 열었다 닫았다 하는 모양이 손님 많은 음식점 입구 같은 이곳이 입이라오. 당연히 그 주변이 얼굴 아니겠소. 큼직한 집게발은 털이 북실북실 모피 장갑을 낀 듯하고, 짙고 반지르르한 색이 아주 야물어 보이는 내가 바로 참게요. 여보시오, 내 배딱지 그만 보시오. 내 성별을 구별하려 들지만 말고, 내 이야기 먼저 들어 보시오.

참게 팔자가 참 억울하오. 아니, 갯벌은 되고[1] 논은 안 된다는 게 도대체 어느 나라 법도요? 똑같이 흙에 물 찬 곳인데 왜 논은 기후변화를 일으킨다는 게요? 내가 무슨 범죄자요? 참 내, 거시기허게. 잠깐 기다리시오. 내 물 밖으로 나가 좀 앉아야겠소. 예끼, 여보시오! 옆으로 걸은 게 아니라 앞으로 걸은 것이요. 내가 보기엔 사람 걸음이 더 이상하오. 게걸음은 이게 앞으로 걷는 것이오.

각설하고 이야기를 해 보겠소. 갯벌은 탄소를 많이 저장하고 있으니 탄소 저장고라 귀한 대접을 하면서 왜 똑같이 생긴 논은 안 된다는 거요? 우리 조상님들이 산란만 바다에서 하고 짠 바닷물을 떠나 깔끔한 민물로 이주해 와서 사는데, 이건 도대체 이해가 안 되는 소리들을 하지 않겠소. 그래서 내가 바닷가에 사는 사촌을 만나서 전후 사정을 좀 알아보았다오. 부지런히 게걸음으로 가면 하루면 당도하니까. 요즘은 하도 가짜 뉴스가 판을 치니 직접 들어 보고 확인을 해야겠다 싶었소.

그리 힘들진 않았소. 게걸음 치며 부지런히 길을 떠났으니. 물 댄 논을 만나면 게 헤엄을 쳐 건너고, 논둑은 열 개의 다리로 게 눈 감추듯 달음질을 쳐서 넘었다오. 그리고 제법 큰 강줄기를 만나 그때부터는 내 세상을 만난 듯 신나게 쌩쌩. 그래도 게걸음인지라 짠 바다 냄새가 확 밀려오는 강 하구에 도달했을 때는 게딱지보다 큰 해가 저 멀리 수평선에 걸려 세상이 발그레해질 무렵이었소.

가는 길에 강물에 실어 소식을 전해 둔 터라, 갯벌에 사는 육촌뻘 되는 칠게가 마중 나와 있었소. 칠게는 나와 달리 몸집이 작고 눈자루가 훨씬 길어서 안테나처럼 생겼다오. 일광욕을 얼마나 했는지 몸에 개흙이 허옇게 말라붙어 있었소. 내 이제부터 우리 둘이 나눈 이야기를 옮겨 보겠소.

"참게 누님, 기체후 일향 만강하옵시고 가내 두루 평안하시온지요?"

"아이고, 칠게 아우. 우리 사이에 무슨 존대를 그리 하는가. 그냥 편히 하게."

"오뉴월 하루 땡볕이 어딘데, 어디 그러면 씁니까? 누님인데요. 참게 누님, 그런데 무슨 일로 이리 먼 걸음을 하셨나요?"

"게가 막혀서 오지 않았겠나. 그 기후변화라고 들어 봤는가? 왜 이곳도 바닷물 온도가 다르지? 좀 따땃해지지 않았나?"

"맞습니다. 지구 기온이 올라가니 어쩔 수 없죠. 그래도 논보다야 사정이 좀 낫지 않나 싶습니다."

그렇게 이런저런 댁내 평안 관련한 인사부터 위로 삼대, 아래로 삼대까지 두루 훑고 난 뒤에야 본론으로 들어갔다오.

"그런데 말이야, 아우. 왜 갯벌은 되고, 논은 안 된다는 건가?"

"네?"

"왜 갯벌은 지구 기온이 올라가는 것을 막아서 이롭다고 하고, 별다를 것 없이 흙에다 물 댄 논은 지구 기온이 올라가는 데 부채질을 해서 해롭다고 하는지 그 연유를 아는가? 짠 바다가 게딱지에도 좋지 않고, 하루 종일 출렁이는 파도 탓에 멀미

가 심해 우리 조상들이 산란만 바다에서 하고 논으로 자리를 옮겨 산 지 적잖은 시간이 흘렀네. 그런데 갑자기 내가 사는 곳이 이런 대접을 받으니 속이 하도 상해 도대체 어찌 된 연유인지나 알아보자 하고 큰맘 먹고 길을 나서지 않았는가?"

"아, 그 일이로군요. 제가 뭘 얼마나 알겠습니까만은, 파도가 이 소식 저 소식 실어다 주니 들은풍월은 조금 있습니다."

"그래, 어디 읊어 보시게나. 그 사연이나 한번 속 시원하게 들어 봄세."

"그럼 아는 것은 짧지만 한번. 흠, 흠."

칠게는 대화를 이어 가는 동안에도 쉬지 않고 갯벌의 흙을 연신 입으로 실어 날랐다오. 펄에 있는 유기물을 훑어 내고 다시 흙을 뱉어 내기를 쉬지 않았소. 집게발로 번갈아 가며 흙을 입에 넣다 보면 동글동글한 흙덩이가 게거품과 함께 툭 떨어진다오. 칠게 주변에 떨어진 동글동글 흙더미로 만리장성을 쌓아도 될 지경이었소.

"갯벌이나 논이나 거의 비슷하죠. 흙바닥에 물을 댄 것이니까

요. 그런데 일차적으로다가 흙이 다릅니다. 갯벌 흙은 아주 차지죠. 촘촘해서 지구 기온을 올리는 기체들이 빠져나가기가 쉽지 않아요. 그런데 논은 어떻습니까?"

"논도 차지지. 농부들이 들어오면 쫀득쫀득한 흙에 발이 미끄러져 푹푹 박히는데."

"그래도 갯벌만큼은 아니죠. 둘의 가장 큰 차이가 뭐겠어요?"

"큰 차이? 넓이?"

"땡! 참게 누님, 누님네 조상님들이 짠물이 싫어서 이주하셨잖아요? 답은 짠물이에요. 바다의 짠물에는 갖가지 물질들이 녹아 있는데, 음, 이건 좀 유식한 말인데, 황산염이 있어요. 그 황산염이 그러니까 설페이트 리듀싱 박테리아가 유기물 분해 활동을 잘하도록 만들어 주거든요. 에, 또, 그리하야 갯벌에서는 유기물을 분해해도 메테인 같은 독한 온실가스 대신 이산화탄소가 나온다는 말씀. 그런데 논은 어때요?"

"논이야 맹물이지. 짜지는 않아. 그럼 그 썰 푸는 박테리아가 못 사는가?"

"썰 푸는 박테리아가 아니라 황산 환원성 세균이에요. 하여튼 논은 맹물이라서 그 세균 대신에 유기물을 분해해 메테인을 만드는 세균이 왕성하게 활동하죠. 메테인은 이산화탄소보다 몇

십 배나 강력한 온실가스고요."

바다는 넓고 온 지구를 통틀어 하나로 다 연결되어 있으니 바다에 사는 사촌 칠게는 아는 것도 많고 말도 매끈하게 하고 외국어에도 능통해 보여, 게다가 썰 푸는 박테리아 이야기를 하니 멋져 보이기까지 했다오.

"뭐야, 그러면 논이 지구 기온을 올린다는 게 가짜 뉴스가 아니다, 내가 억울해할 이유가 하등 없다, 이런 말인가?"

나는 화가 나서 까만 피부가 그만 빨개질 뻔했소.

"말이 그렇다는 거죠. 화나셨어요? 이건 제 의견이 아니라 과학적……, 아니, 게다가 논에는 비료를 엄청 뿌리잖아요. 그 비료를 메테인을 만드는 세균이 아주 좋아하다 보니……."

"그만두게. 듣기 싫네. 나라 하나 팔아먹는 것도 수치스러운 일인데, 이건 지구를 통째로 망하게 만드는 일을 내가 사는 논이 하고 있다니 말이 안 되지 않는가? 바닷물이 좀 짜다고 하지만 짜도 그게 물이지. 그리고 뭐 얼마나 짜다고 논은 기후변화를 일으키고 갯벌은 기후변화를 막는다는 건가. 아이고, 억울하다. 아이고."

"아니, 누님, 이건 제가 하는 말이 아니라……."

"듣기 싫네."

이야기가 길어지면서 바닷물이 점점 밀려왔다오. 밀물 때였소. 화가 나 발개진 나와 입장 난처해진 칠게가 어정쩡 앉아 있는 곳까지 어느 순간 파도가 쏵 밀려 들어왔지. 옆에 쌓여 가던 동글동글 개펄 만리장성이 흔적도 없이 사라졌소.

"에구머니! 아이고, 짜라. 아이고, 짜. 이런, 에구, 퉷, 퉤퉤."

그러는 사이 해는 꼴까닥 바닷속으로 들어가 버리고, 사방은 깜깜해졌소. 밝게 불을 밝힌 고깃배들이 바다를 가르고 있었지. 그날 밤 어떻게 논으로 돌아왔는지도 모르게 돌아왔다오. 내 마음이 어떨지 이제 짐작이 가오?

이야기 둘, 논 습지 논쟁과 우물 안 개구리

이야기꾼입니다. 진짜 참게는 억울하겠어요. 논도 억울하긴 마찬가지고요. 같은 습지인데 갯벌은 많은 양의 이산화탄소를 저장한다고 칭송받고, 게다가 좀 더 연구 성과가 나오면 탄소를 포집하는 블루 카본[2]으로 인정받을 거라고 해요. 그렇게 되면 갯벌은 존재만으로도 국가 온실가스 감축 목표(NDC, Nationally Determined Contribution)[3]로 인정받을 수 있죠.

반면에 논은 온실가스인 메테인을 발생하는 배출원으로 계산이 된다니,[4] 그것도 적지 않은 양이 나온다고 하니 말이에요. 10년도 훨씬 전에 있었던 한 국제회의에서 이 문제가 뜨거운 감자로 떠오른 적이 있었어요. 우리나라랑 일본이랑 같은 입장이어서 한편을 먹고 다른 나라들의 반대를 막아야 하는 상황이었죠. 이야기꾼과 함께 시간을 거슬러 그날 그때로 가 볼까요? 마침 장소도 우리나라 경상남도 창원이랍니다.

때는 2008년, 전 세계 중요한 습지를 보호하기 위한 국제적 약속인 람사르협약[5]의 제10차 당사국 총회 자리였지요. '논'은 대략 난감한 상황에 처해 있었는데, 말하자면 이런 상황이었어요. 어떤 친구가 상을 받으려고 자리에서 일어났어요. 그런데 그 순간 누군가 손을 번쩍 들고 "이의 있습니다!"라고 외친 거죠. 그리고 상을 받으려던 친구가 나쁜 일을 한 것이 밝혀졌네요. 그래서 상을 주면 안 된다는 쪽과 그래도 상을 줘야 한다는 쪽이 팽팽하게 맞선 거예요. 상 받으러 일어선 친구는 민망하고 힘들었을 것 같아요.

총회에서 우리나라와 일본이 결의안을 하나 제안했습니다. 그 내용은 다음과 같아요.

"논은 식량을 생산할 뿐 아니라 철새와 다양한 수생 동식물의 보고이다. 따라서 논을 습지로 인정하여 지속 가능한 습지

시스템으로 관리하고 보존해야 한다."

습지는 갯벌, 호수나 강 주변처럼 물기가 있는 축축한 땅을 말해요. 물을 저장하고 있는 곳이죠. 오염 물질이 정화되는 곳이자, 생물 종의 40퍼센트가 나고 자라는 생명의 인큐베이터 같은 곳이기도 해요. 게다가 철새들에게는 먼 거리를 이동하다 잠시 쉬며 영양을 보충하고 체력을 충전해 다시 고향으로 떠나는 중간 쉼터 같은 곳이죠. 육지에는 지금보다 습지가 훨씬 많았는데, 산업화 이후 인구가 증가하고 도시가 확장되면서 지구에서 습지의 약 90퍼센트가 사라졌다고 해요.

물론 논은 인공 습지이긴 하지만 논둑에 사는 식물과 깔따구, 물벼룩, 소금쟁이, 물장군, 잠자리 같은 곤충뿐만 아니라 개구리, 맹꽁이 같은 양서류와 어류도 살고 있어요. 게다가 제비, 백로, 황새 같은 철새들도 논에서 먹이를 섭취하고 있어요. 거의 600종의 생물이 살아가는 다양한 생물 보물 창고예요. 우리나라와 일본은 논의 그런 가치를 널리 공식적으로 인정받으려 한 거죠.

그러나 많은 나라에서 이 제안에 쉽게 찬성하지 않았어요. 일단 논을 많이 보유하지 않은 유럽을 중심으로 한 나라들에서 반대 입장을 끝까지 철회하지 않았다고 합니다. 어떤 이유였는지 들어 볼까요?

"논은 온실가스를 뿜어내는 명백한 탄소 배출원이다. 논은 다양한 생물의 서식지이지만 화학비료나 거름을 사용할 경우 물속에 산소 공급이 차단되어 메테인을 발생하는 세균에 의해 유기물의 분해가 이루어지고, 이 과정에서 메테인 가스가 대기로 배출된다. 이처럼 논은 환경에 대한 양면성을 갖고 있다. 논을 습지로 인정하면 그동안 습지를 보호하고자 개발을 막아 왔던 천연 습지를 논으로 바꾸어도 규제할 수가 없게 될 것이다."

논에서는 온실가스인 메테인 가스가 다량 발생해요. 그런데 메테인은 온실효과를 일으키는 능력이 이산화탄소보다 100년을 기준으로 했을 때는 23배, 20년을 기준으로 했을 때는 무려 63배나 더 커요. 그렇다 보니 논을 습지로 인정하는 문제는 총회가 끝나는 막바지까지 미루어지다가 막판에 가까스로 합의가 이루어졌어요. 중간에서 논이 많이 곤혹스러웠겠죠?

그런데 우리나라 외교부 공식 누리집에는 총회 결과를 이렇게 정리해 두었어요.

'논 습지' 결의안: 논의 생태적 가치 보전 및 인식 증진 강화를 위해 우리나라와 일본이 공동 제출한 '습지 시스템으로서 논

의 생물 다양성 증진'에 관한 결의문 채택, 논을 습지로 인정.

'기후변화와 습지' 결의안: 습지 탄소 저장 능력 등 습지가 기후변화 완화 및 적응 기능이 뛰어남을 강조.

논을 습지로 인정한다고 해 놓고 바로 아래에 습지는 기후변화 대응에 중요하다고 했는데, 논이 메테인을 배출하는 배출원인 것은 누가 뭐라고 해도 틀린 말이 아니잖아요. 그런데 생물다양성을 이유로 논을 보존해야 할 습지로 주장한다면, '기후변화와 습지' 결의안에서 논은 빠져야 하는 게 아닐까요? 혹은 논이 기후변화와 관련해서는 문제점을 가지고 있다는 조건을 달아야 하니, 조금 이상해 보여요.

논은 매우 중요한 곳입니다. 우리의 주식인 쌀은 논에서 생산되죠. 주식은 자급자족할 수 있어야 해요. 식량 안보뿐만 아니라 논과 쌀을 중심으로 우리나라는 음식 문화가 발달해 왔어요. 음식 문화는 또 다양한 다른 영역의 문화에도 영향을 끼치고요. 바로 우리 정체성의 한 뿌리가 논과 쌀에서 발달한 거죠.

하지만 그렇다고 논을 무조건 옹호하는 우물 안 개구리가 되어서는 안 되죠. 국제적으로 어떤 비판이 있는지 알고 거기에 맞게 우리가 바꿀 것은 바꾸고 지킬 것은 지켜야 해요. 이야기꾼이 논 이야기를 하고 싶은 이유도 바로 이것 때문이에요.

그래서 입장이 서로 다른 외국인 두 명을 만나 봤어요. 왜냐하면 우리나라 사람들이나 아시아인의 경우 아무래도 쌀에 대한 문제를 객관적으로 바라보지 못할 수 있잖아요. 쌀이 주식이 아닌 외국인들은 어떤 이야기를 들려줄까요?

만남 하나, 고기는 안 되는데 밥은 된다고요?

"저는 논농사에 대해 할 말이 많습니다. 우선 첫 번째로 육식 이야기를 하고 싶어요. 저는 고기를 무척이나 좋아하는 사람입니다. 그런데 최근에는 기후변화 때문에 고기에 대한 마음을 바꾸고 있습니다. 기후 위기 시대에 좋아하는 것, 필요한 것을 다 누리고 살 수는 없다고 생각해요. 저는 비건으로 돌아설까 고민하고 있습니다.

그런데 아시아에서는 쌀을 끼니마다 먹는다고 들었습니다. 물론 음식이 문화라는 것은 잘 알고 있습니다. 하지만 팜나무 기름과 콩도 아마존 숲을 파괴하는 원인으로 지목되며 수입을 하지 말자고 하는 상황입니다. 그런데 온실가스를 상당량 배출하고 있는 논농사와 쌀에 대해서는 정작 쌀을 주식으로 하는 나라에서 문제가 있다는 사실조차 잘 모르고 있어요. 이제는 쌀농사도 고민해야 합니다. 만약 매 끼니 고기를 먹는다고 하면 당연히 좋지 않은 시선으로 볼 것입니다. 목축업과 사료 농업으로 탄소 흡수원인 숲이 파괴되고 있으니까요. 하지만 아시아의 많은 인구가 탄소를 배출하며 하루 세 끼를 모두 쌀로 요리해 먹어요. 이게 공평한 것인지 묻고 싶습니다.

두 번째는 쌀농사로 배출되는 온실가스량에 관한 것입니다. 혹시 논이 탄소를 얼마나 배출하는지 아세요? 독일, 이탈리아, 스페인, 영국이 연간 사용하는 화석연료에서 배출되는 전체 양과 같습니다. 이 양은 석탄화력발전소 약 1200개에서 배출하는 양과 맞먹습니다. 베트남의 경우 전체 온실가스 배출량에서 농업이 약 28퍼센트를 차지하는데, 그중 절반이 쌀농사에 따른 것입니다. 그래서 베트남은 국가 온실가스 감축 목표(NDC)에 벼농사를 주요 부문으로 정했을 정도예요.

세 번째로 점점 늘어나고 있는 쌀 생산량에 대한 이야기도 꼭 하고 싶어요. 쌀 생산량은 1960년대 이후 230퍼센트나 증가했습니다. 물론 서구인들도 주식으로 밀을 많이 소비합니다. 빵도 먹고 파스타도 먹습니다. 하지만 쌀은 밀보다 온실가스를 2배 가까이 더 발생시킵니다. 발생하는 온실가스의 종류도 매우 강력한 메테인입니다. 메테인은 전체 지구온난화에 약 30퍼센트나 영향을 끼쳤다고 합니다. 기후변화에 관한 정부 간 협의체(IPCC)의 6차 정기 보고서 중 제1 실무 그룹에서 발표한 보고서에 따르면, 화석연료에서 발생하는 메테인의 약 30퍼센트에 해당하는 양이 논에서 발생한다고 되어 있어요. 게다가 최근 들어 메테인 발생량이 점점 더 늘어나는 추세입니다. 얼마 전 있었던 COP26 회담에서도 메테인 감축 선언을 할 정도로 메테인은 세계적으로 중요한 문제가 되고 있습니다.

그러니 쌀에 대해 다시 생각해 보아야 합니다. 쌀 문화를 바꾸는 게 어렵다면 쌀농사를 짓는 방법을 적극적으로 연구해야 합니다. 메테인을 발생시키는 논농사에 대한 근본적인 대책을 세워야 해요. 이대로 방치한다면 아시아의 밥그릇이 전 세계 기후를 더 큰 위기로 몰아갈 것입니다."

만남 둘, 비행기 한번 못 타 본 사람의 밥그릇을 깨다니

우리의 주식인데도 이런 내용을 제대로 알지 못했다니, 이야기꾼도 조금 당황스럽네요. 그래도 틀린 말은 아니죠. 이번에는 다른 입장을 가진 주식이 쌀이 아닌 외국인의 이야기를 들어 볼까요?

“말씀하신 이야기 잘 들었습니다. 특히 ‘아시아의 밥그릇’이라고 표현하신 말, 표현력이 좋긴 한데 조금 비난조로 들리네요. 제 생각은 좀 다릅니다. 우선, 하루 세 끼 밥을 먹는 아시아인들과 미국, 유럽에서 1인당 배출하는 온실가스량을 비교해 보세요. 온실가스는 쌀농사에서만 나오는 게 아니에요. 발전, 운송, 산업 분야에서도 배출됩니다. 세 끼니 모두 밥을 먹는 아시아인들 중에는 평생 비행기를 한 번도 안 타 본 사람, 아니 비행기를 한 번도 보지 못한 사람도 많습니다. 아시아에는 아직도 전기와 수도 시설이 없는 곳도 많아요. 그러니 이런 비교는 말이 안 되죠.

논농사에 따른 온실가스 배출량이 석탄화력발전소 1200개의 배출량과 같고, 독일, 이탈리아, 스페인, 영국이 화석연료에서 배출하는 양과 같다고 하셨죠? 하지만 쌀을 주식으로 하는 아시아의 인구는 수십억 명이에요. 그 수십억 명이 사치품도 아니고 생존을 위해 주식인 쌀을 먹는 것을 고작 1200개의 석탄화력발전소나 4개 국가의 화석연료 배출량과 비교한다는 것 자체가 말이 안 돼요. 또 저 4개 국가가 전부 화석연료만 사용하는 것도 아니니 이는 4개국의 일부 에너지원일 뿐이지요. 앞서 말

씀하신 분은 단순히 숫자만으로 비교할 수 없는 문제를 숫자로 비교하고 있습니다.

쌀 생산량 증가에 관한 이야기도 하셨는데, 그동안 증가한 인구를 생각해야 하지 않을까요? 아시아의 인구는 같은 기간 쌀 생산량보다 더 많이 증가했습니다.[6] 모두가 배부르게 먹는 양이 절대 아닌 거예요. 쌀 생산량 증가는 아시아의 인구 증가에 비례한 것뿐입니다.

그러면서 메테인 이야기도 하셨죠. 화석연료 사용으로 발생하는 메테인의 30퍼센트나 되는 양이 논에서 나온다고요? 이 또한 숫자 놀이일 뿐입니다. 인간에 의해 발생하는 전체 메테인을 기준으로 계산하면 벼농사에서 발생하는 양은 10퍼센트도 되지 않습니다. 하지만 가축을 기르고 육식을 하기 위한 메테인 발생량은 벼농사의 3배나 됩니다. 그리고 그보다 약간 많은 양이 화석연료 사용에서 나오고요.

그 화석연료 사용에서 나오는 양의 절반 가까운 양이 어디에서 오는지 아세요? 러시아 대륙을 가로질러 유럽 대륙으로 이어진, 상상을 초월하는 길이의 가스관이 있어요. 유럽에서 사용하는 천연가스를 생산해 운송하는 관입니다. 이 과정에서 새어 나가는 메테인이 화석연료에서 나오는 양의 절반이나 되는 겁니다.

쌀을 생산하면서 메테인이 발생하는 건 사실이지만, 이는 아시아인들의 생존과 관련된 것입니다. 맛과 영양을 따져 고기를 선택하는 것도 아니고, 해외여행이나 출장을 가기 위해 비행기를 밥 먹듯이 타는 것도 아니고, 자동차를 1인 1대 운행하지도 않는 아시아인들에게 탄소 감축을 위해 쌀을 적게 먹으라니, 이건 그들의 밥그릇을 깨려는 거나 마찬가지 아닐까요?"

기후변화를 막으면서 밥심을 지키려면

이야기꾼이에요. 두 사람의 이야기 모두 타당한 부분이 있는 것 같습니다. 이야기꾼도 무엇보다 쌀을 주식으로 삼아 밥심으로 살면서 그동안 쌀에 대해 별다른 생각을 하지 않고 있었던 부분이 가장 맘에 걸립니다.

UN에서는 또 다른 차원에서 기후변화와 관련해 벼농사를 바라보고 있어요. 세계 인구의 절반 가까이가 쌀에 의지하고 있는데, 만약 쌀 생산량이 줄어든다면 큰 문제가 생기겠죠? 그런데 기후변화로 해수면이 올라가면서 육지로 바닷물이 깊숙이 들어오고 있어요. 논은 바다와 연결된 강 하구의 비옥한 퇴적 지형에 많이 분포해 있답니다. 기후변화가 점점 심해질수록 아시아의 논에 바닷물이 침투해 쌀농사를 망치는 사례가 늘어나겠죠.

또, 기후변화로 슈퍼 엘니뇨가 등장하면서 쌀 수확기에 홍수가 발생해 수확량 감소도 빈번해지고 있다고 해요. 게다가 이모작이나 삼모작까지 진행되는 농법으로 토양이 황폐해져서 쌀농사의 미래가 더욱 위협받고 있죠. 땅이 척박해질수록 비료를 과도하게 사용하게 되어 메테인 발생량을 더욱더 늘린다고 보고 있어요. 지속 가능한 벼농사 방법을 찾는 연구가 정말 필요한 듯합니다.

우리나라 농촌진흥청에서는 온실가스를 줄이는 논농사를 위해 '물 떼기'나 '물 걸러 대기' 농법을 적극 권장하고 있어요. 그러니까 논에 물을 항상 채워 놓는 게 아니라 물을 대었다 떼었다 반복하는 식으로 물 관리를 하는 거죠. 예를 들어 모를 심은 다음에는 물을 대어 놓았다가, 한 달쯤 지나서 물을 빼고, 논바닥이 말라 금이 갈 정도가 되면 다시 물을 대고, 자연적으로 마르면 다시 얕게 부어 주고를 되풀이하는 방법이에요. 이렇게 하면 메테인 발생량을 절반 이상 줄일 수 있다고 해요.

그런데 연구자들의 논문을 살펴보면 놓친 부분이 하나 있어요. 농업 부문에서 발생하는 온실가스 중 대책이 없는 것 하나가 아산화질소예요. 아산화질소는 주로 거름이나 화학비료를 많이 사용하면 발생하죠. 그런데 물이 있는 상태에서는 아산화질소 발생량이 줄어드는데, 물을 뗀 마른논에서는 발생량이 늘어난다고 합니다. 아산화질소는 온실효과를 일으키는 능력이 20년을 기준으로 했을 때 이산화탄소의 275배나 됩니다. 메테인의 62배이고요. 쉬운 문제가 아니죠? 연구가 진행되고는 있지만 아직 확실하게 입증된 것이 부족한 상태예요. 밥심으로 사는 우리가 논과 땅에 너무 무심했다 싶네요.

다행히 자연 친화적 농법, 탄소 저감 농법 등 조금씩 논에 대한 연구와 대책들이 마련되고 있어요.

"태평하게 뿌리고 거두니 태평 농법이라. 시시때때 논물 대고 논물 빼고, 걸러대기 농법이렷다. 포크레인은 썩 물렀거라. 땅 갈다 잠자는 탄소 깨면 경을 치네, 무 경운 농법 앞장서라."

이게 다 뭔 소리냐고요? 저 참게요. 회복 운동에 나섰다오. 명예 회복. 나 살자고 지구를 팔아먹을 수는 없지 않소. 자고로 참게의 참자는 '참진(眞)', 참되다는 뜻이오. 그러니 한탄하고 주저앉아 게걸음만 칠 것이 아니라 집게다리 치켜들고 나섰소. 다양한 농법을 연구해서 밥심도 지키고 지구도 지키겠소. 내가 누구요. 참게요, 참진 자 참게.

"모심기하다 허리 병 얻는 농부님네, 염려 붙들어 매시오. 논에다 직접 볍씨 뿌리니 직파 농법이 효자 농법일세. 킁킁 이 냄새가 무엇이냐, 이 논에 비료가 그득하구나. 비료 주기 전에 땅속 검사 욕심내다 탈 난다네. 가만, 뭐라 불러주면 좋으려나, 에라, 너는 적당 비료 농법이다.

돈다 돌아, 논에다 소 키우다 자연 비료 풍년 되면, 그 땅에다 벼 키우세. 돌고 도는 경축 순환 농법 덩실덩실 춤을 추고, 곳간에 쌀이 넘쳐 남아돌면 논으로 밭 만드니 환골탈태. 콩이 사람에게만 보약이냐, 땅에도 보약이다. 허공에서 질소 골라 땅에 묻는 콩 심으니 이게 바로 녹색 비료 아니겠소."

듣고 말하고
생각 정하기

이야기꾼입니다. 다음은 내 생각을 정리하고 내 입장을 결정하는 데 도움이 될 질문들입니다. 미래 세대인 우리가 어떤 마음가짐으로 어떻게 행동해야 할지 함께 답을 찾아봅시다.

- 생존을 위한 먹거리를 생산할 때 발생하는 탄소량과 비행기나 자동차를 움직일 때 발생하는 탄소량은 기후변화의 책임을 물을 때 어떻게 비교되어야 할까?
- 벼농사를 지을 때 탄소 배출량을 줄이고 지속 가능한 방식으로 쌀을 생산하려면 어떻게 해야 할까?

끝나지 않은 이야기

1) 갯벌이 빨아들이는 탄소

우리나라의 갯벌은 매년 26만 톤이라는 막대한 양의 이산화탄소를 흡수해서 연간 승용차 11만 대가 내뿜는 수준의 이산화탄소를 흡수한다는 연구 결과가 나왔어요.

---

2) 블루 카본

육지의 숲과 토양은 탄소 흡수원이죠. 녹색의 숲이라서 그린 카본이라 부른답니다. 그런데 바다에도 식물이 자라는 토양이 있어요. 여기서 흡수하는 탄소를 바다의 파란색에서 이름을 따 블루 카본이라 불러요. 현재 공식적으로 인정받은 블루 카본은 맹그로브, 염습지, 잘피림이에요. 맹그로브는 짠 바닷물 속에 뿌리를 내리고 자라는 나무들이고, 염습지는 주로 빨간색 식물인 칠면초, 퉁퉁마디(함초) 등이 자라는 갯벌 부근 땅이죠. 잘피림은 물속에 완전히 잠겨서 자라는 거머리말 같은 식물이 자라는 해양이에요.

블루카본은 육지와 달리 식물 자체보다는 바다 밑 토양 속에 훨씬 많은 양의 탄소를 매우 긴 시간 동안 가두어 둔답니다. 그런데 우리나라의 경우 맹그로브 숲은 없고, 염습지나 잘피림은 간척 사업 등으로 상당량이 사라져 버렸어요. 그래서 국내 연구진들은 갯벌의 탄소 저장 능력 등을 연구해 국제적으로 블루카본으로 인정받도록 노력하고 있어요.

---

3) 온실가스를 줄이겠다는 국가적 약속

NDC(Nationally Determined Contribution)는 국가가 결정한 기여도, 즉 2015년 파리협정에 따라 참가국이 스스로 정하는 국가 온실가스 감축 목표를 이야기해요. 우리나라는 2030년까지 2018년 전체 배출량과 비교해 40퍼센트를 줄이고, 2050년까지는 훨씬 더 많은 양을 줄여서 순 배출량이 0이 되는 탄소중립을 실현하는 것으로 NDC를 정했어요. EU는 1990년 대비 최소 55퍼센트 감축, 미국은 2005년 대비 50~52퍼센트 감축, 일본은 2013년 대비 46퍼센트 감축을 목표로 잡았습니다. 한국은 2018년 대비 40퍼센트 감축을 목표로 하고 있어요. 그런데 이 NDC는 목표를 정하고 추진하는 걸 각 국가의 자발성에 맡겨 우려의 목소리가 높아요. 선생님이 굉장히 중요한 숙제를 잔뜩 내주시고는 "할 수 있는 만큼만, 혹은 하고 싶은 만큼만 해와."라고 말씀하시는 것과 똑같거든요.

4) 논에서 발생하는 메테인은 얼마나 될까?

2007년 IPCC 보고서에 따르면, 논에서 발생하는 메테인(CH_4) 배출량은 전 세계 배출량의 10~12퍼센트를 차지하고 있다네요.

5) 습지를 지키는 람사르협약

습지가 사라지면 생태계의 여러 생명체들이 살 곳을 잃고, 생명 활동을 위한 중요한 장소를 잃게 돼요. 그 영향은 결국 인간에게까지 돌아올 테고요. 그래서 1971년 이란의 람사르에서 국제회의를 했어요. "우리 모두 각자의 나라에서 중요한 습지는 개발제한구역으로 설정하고 보존하자. 그리고 이 약속이 잘 지켜지는지 3~4년에 한 번씩 모여 회의를 하자."라고 했죠. 이것이 바로 람사르협약이에요. 우리나라는 1990년대 중반까지도 식량 자급을 위해 농토를 확대한다는 이유로 많은 습지를 매립해 왔어요. 그러다 1997년에 람사르협약에 뒤늦게 가입했죠. 2008년에는 우리나라 경상남도 창원에서 당사국들이 모인 총회가 열렸어요.

6) 인구가 늘면 식량 생산도 늘어야

UN의 2019년 세계 인구 전망 자료를 보면, 아시아의 인구 증가는 1950년 약 14억 500만 명에서 2020년 46억 4000만 명으로 300퍼센트 증가했습니다. 그러니까 쌀 생산량 230퍼센트 증가는 인구가 늘어남에 따라 증가할 수밖에 없었던 양인 셈이죠.

주제 4

지구 공학

탄소 포집 기술은 기후변화의 해결책일까, 그린워싱일까?

안녕하세요, 이야기꾼입니다. 이번 이야기는 지구 공학[1] 또는 기후 공학이라 부르는, 기후를 인위적으로 조절하는 공학 기술에 관한 거예요. 공기 속 탄소를 직접 포집하는 '이산화탄소 제거 기술'이나 대기의 높은 곳인 성층권에 에어로졸을 분사해 태양 빛을 차단하는'태양복사에너지 조절 기술' 같은 것들이죠. 경제와 기후 어느 쪽의 희생도 없이 과학기술로 지구를 지키겠다는, 지구 전체를 실험 대상으로 삼는 야심 찬 시도예요. 새로운 이야기인 만큼 이를 둘러싼 다른 여러 목소리가 들려옵니다. 여기에서는 특히 이산화탄소 포집 기술에 관한 이야기들을 만나 볼 거예요. "공기 속 탄소로 다이아몬드도 만들고 콜라도 만들어 기후 위기를 탈출할 수 있을까?"라는 뉴스 제목만큼이나 놀랍고도 아찔할 거예요.

이야기 하나, 포항 영일만 앞바다의 노란 플랫폼

와, 바다네요. 이야기꾼이 온 이곳은 포항 영일만 앞바다입니다. 저기 대형 탱크 세 개가 놓여 있는 해상 플랫폼이 보이네요. 시간의 흔적이 역력한 칙칙한 노란색 페인트칠. 하지만 '포항 분지 해상 CO_2 지중 저장 실증사업 플랫폼'이라는 글씨는 분명하게 읽을 수 있어요.[2] 플랫폼 뒤로는 연안에 있는 포스코 포항 제철의 넓은 부지도 보여요.

플랫폼에서 사람의 흔적은 찾아볼 수 없습니다. 잔잔하기만 한 영일만 바다 위에는 지루해 죽겠다는 듯 햇볕만 이리저리 뒹굴거리고 있네요. 이곳이 처음부터 이렇게 개점휴업 상태는 아니었어요. 포스코에서 발생하는 이산화탄소를 포집, 수송해 1킬로미터 아래 깊은 바닷속 지층에 영구 봉인을 하는, 이산화탄소 포집 및 저장(CCS, Carbon Capture and Storage) 기술[3]을 실험하는 국내 첫 기지였거든요.

언론의 주목을 받으며 화려하게 등장한 이곳은 연간 1만 톤씩 2년간 2만 톤의 이산화탄소를 처리할 계획이었습니다. 2017년 초 두 달간 시험 삼아 100톤가량의 이산화탄소를 해저 지층에 주입했어요. 주입은 성공적이었고, 내친김에 포스코 포항제철에서 직접 파이프를 연결해 이산화탄소를 끌어와 주입할 준비를 하고 있었어요.

그러나 그해 11월, 대학수학능력시험이 1주일 연기되는 초유의 일이 벌어졌어요. 포항에서 규모 5.4의 지진이 일어났기 때문입니다. 그 이후 지진의 발생 원인이 인근 지열발전소에서 무리하게 물을 주입하던 것과 무관하지 않다는 이야기들이 들려왔고, 이 노란색 플랫폼에서도 연구진이 철수를 하고 말았죠. 이 실험이 지진 발생에 관련이 있는 건 아니었어요. 하지만 지진이 발생하는 지층에 이산화탄소가 얌전히 머물러 있으리라는 보장도 없고, 포항 시민들이 '자라 보고 놀란 가슴'이 되었는데, 솥뚜껑을 버젓이 놔둘 수는 없었겠지요. 주민들의 걱정과 염려가 분노로 바뀌기 전에 실험은 서둘러 무기한 연기되었죠.

그리고 또 시간은 그저 흘렀습니다. 바다는 평화로웠고, 노란색 페인트에는 하릴없이 새똥 더께만 쌓여 갔어요. 2021년 5월, 이 노란색 플랫폼을 철거한다는 소식이 들려왔어요. 뒤처리를 안전하게, 이렇게 저렇게 잘할 계획이라는 주민 설명회가 열렸

L-CO_2

어요. 하지만 참석한 사람은 열 명도 채 안 되었습니다.

같은 해 11월, 울릉도에서 또 다른 소식이 전해졌어요. 울릉도 동해 가스전에서 CCS 실험을 이어 간다는 것이었죠. 이번에는 규모도 커져서 1년에 40만 톤씩 30년간 1200만 톤의 이산화탄소를 저장, 처리할 계획이라고 했어요.

2004년 동해 울릉도에서 가스가 매장된 지층이 발견되어 우리나라도 산유국이라는 작은 이름표를 하나 선물 받았습니다. 그러나 매장된 가스를 모두 추출한 뒤로 생산이 중단되면서 폐가스전이 되었죠. 바로 가스를 뽑아낸 그 빈 지층에 이산화탄소를 포집, 저장하려는 거죠.

울릉도 가스전 플랫폼은 포항 영일만의 것과는 비교가 되지 않는 크기예요. 헬기 착륙장까지 갖춘 층층이 높다란 여러 시설에 대형 크레인이며 복잡한 파이프가 가득합니다. 한국석유공사는 이 시설과 연계해 수소를 생산하겠다는 계획을 세우고 있어요. 메테인을 이용해 수소를 생산하는 과정에서 나오는 이산화탄소를 포집해 가스전에 가두는 계획이지요. 그러니까 블루 수소[4]를 생산한다는 거예요. 아, 블루 수소가 뭐냐고요? 물론 수소 기체에는 색이 없죠. 생산방식의 차이에 따라 그린, 블루, 그레이 등의 이름을 붙여서 구별하고 있어요. 우주에 가장 많은 원소가 뭘까요? 수소예요. 그러니 다양한 수소화합물이 있겠죠? 그래서 수소를 만드는 방법도 매우 다양하답니다. 대표적인 몇 가지가 현재 쓰이고 있고, 생산 방식이나 생태계에 부담을 주는 정도를 기준으로 색을 붙여 이름 짓는답니다.

이 사업이 잘 정착해서 생각만 해도 우울해지는 기후변화를 일으키지 않고 수소를 생산해 낼 수 있다면 얼마나 좋겠어요. 수소는 휘발유 대신 비행기, 선박, 자동차 연료가 될 수 있고, 저장도 비교적 쉽거든요. 탄소 배출량을 줄이는 길에 희망이 보이는 것 같아요. 과학기술이 기후변화 앞에 손 놓고 있지만은 않다는 걸 보여 줄지도 모르니까요.

이야기 둘, 미시시피주 작은 마을을 덮친 녹색 안개

이 이야기는 미국 남부의 한 작은 마을에서 일어난 일입니다. 2020년 2월 22일 오후 7시 13분, 미국 미시시피주 야주카운티 응급 구조대에 첫 번째 구조 요청 전화가 걸려 왔어요.

"도와줘요. 친구가, 친구가 입에서 침을 흘려요. 그냥 바닥에 쓰러졌어요. 아, 숨을 쉬기가 힘들어요. 친구가 말을 못 해요. 도와줘요. 헉헉, 숨, 숨이……."

그때 현장에서 구조 요청을 했던 사람의 증언입니다. 들어 보세요.

"저는 야주강에서 친구와 낚시를 하며 맥주를 마시고 있었어요. 주말 저녁에 낚시를 핑계 삼아 친구들과 맥주를 마시며 보내는 시간은 아주 행복하죠. 왜 있잖아요. 친한 친구들과 함께 있다는 것 자체가 그냥 즐거운 거요. 그래서 별 재미도 없는 시시껄렁한 이야기에도 막 웃고. 그런데 갑자기 달걀 썩는 것 같은 이상한 냄새가 나는 거예요. 고약한 냄새라고 생각했는데, 그때부터예요. 숨이 잘 안 쉬어졌어요. 숨을 쉬어야 하는데, 분명히 숨을 쉬고 있는데, 가슴이 더 답답해지고……. 아휴, 지금도 그때만 생각하면……. 봐요, 지금도 손에서 땀이 나잖아요. 갑자기 옆에 있던 친구가 의자에서 고꾸라지는 거예요. 친구를 어찌어찌 끌고 차로 갔어요. 빨리 거기를 빠져나가려고요.

네? 원인이요? 그때는 그런 생각도 전혀 못 했어요. 그냥 그곳을 빠져나가야 한다는 생각뿐이었죠. 차를 몰았어요. 헤드라이트 불빛에 안개가 자욱했는데, 녹색이었어요. 녹색 안개가 자욱하더라고요. 군대에 있었던 적이 있는데, 그때 받았던 화생방 훈련 같았어요. 창문을 다 닫았죠. 정신을 잃지 않으려고 뺨을 막 때리면서요. 친구는 여전히 축 늘어져 있었어요. 그러다 엄마 생각이 났어요. 엄마가 그 근처에 살고 있었거든요. 엄마한테 전화해서 창문을 닫으라고, 내가 곧 갈 테니까 집 안에서 한 발자국도 나오지 말고 창문 닫고 있으라고 말했는데, 목소리도 거의 안 나왔어요. 엄마 집에 도착해서 엄마를 태우고 병원으로 갔어요. 가다 보니 어느새 녹색 안개가 보이지 않았어요. 그리고 병원 불빛이 보이는데 이제 살았다 싶었죠."

도대체 무슨 일이 일어났던 것일까요? 지역 보안관의 이야기도 들어 봐야겠죠? 사고 당시 지역 보안관은 구조 전화가 걸려 왔던 곳으로 픽업트럭을 몰고 가고 있었다고 해요. 그곳은 야주 카운티로 덴버리석유회사 소유의 파이프라인이 지나가는 지역이었어요. 원유를 더 뽑아내기 위해 주입되는 압축 이산화탄소와 황화수소 가스가 지나가는 파이프라인이죠. 그 파이프라인이 터진 거예요. 가스 누출 사고였습니다.

공기보다 밀도가 큰 이산화탄소가 아래로 가라앉아 뚜껑처럼 마을을 덮어 버렸습니다. 거대한 이산화탄소 구름이 산소를 차단했어요. 마을이 온통 질식당하고 있었던 거예요. 이산화탄소 농도가 1.5퍼센트를 넘으면 정신이 멍해져요. 뇌가 사라진 좀비처럼 되어 버리죠. 그러다 폐 속 이산화탄소의 농도가 더 올라가면 호흡곤란과 두통이 생기고, 그 이상이면 생명도 위험해요.

보안관이 받은 구조 전화의 신고 내용은 3번 국도의 사타르티아 지역에서 딸이 실종되었다는 것이었어요. 보안관은 일단 차를 몰고 갔어요. 구조대가 가스 누출 사고에서 구조 활동을 하려면 호흡 보호 장비 착용이 필수예요. 하지만 보안관은 그런 장비를 가지고 있지도 않았고, 이에 대비해 훈련을 받은 적도 없었어요. 보안관은 당시를 회상하며 이렇게 말하더라고요.

"사람들이 죽어 가고 있으니 일단 출동해야 한다는 생각뿐이었어요. 다행히 구름이 천천히 북서쪽으로 움직이고 있었죠. 저는 최대한 남쪽 방향으로 차를 몰았어요. 하지만 곧 귀가 먹먹해지고 얼굴이 화끈거렸어요. 마치 뜨거운 햇볕에 화상을 입은 것처럼요. 게다가 갑자기 차의 엔진이 꺼지려고 했어요. 엔진에 산소 공급이 차단되어 연소가 일어나지 못했던 거예요. 그래서 차량을 구름 바깥쪽으로 몰았죠. 산소를 공급해야 했으니까요.

가는 길에 10대로 보이는 젊은 남녀 두 명이 이상한 행동을 하고 있는 걸 보았어요. 그 청년들은 의식이 없는지 원을 그리며 제자리에서 빙글빙글 돌고 있었어요. 마치 공포 영화에 등장하는 좀비를 보는 것 같았죠. 저는 빨리 타라고 소리를 질렀어요. 하지만 그들은 이미 의식이 반쯤 나간 상태라, 그저 멍하게 저를 바라만 보는 거예요. 여자아이는 전화기를 들고 있었지만, 아무 말도 못 하는 것 같았어요. 저는 한 번 더 소리를 질렀죠. 죽고 싶지 않으면 빨리 타라고. 간신히 그 청년들을 픽업트럭 뒤에 태울 수 있었어요. 차의 엔진이 다시 들썩였어요. 이러다 차가 멈추면 모두 죽는 거라, 등줄기에 땀이 쫙 흘렀죠. 가능한 한 구름의 이동 방향을 살피며 길을 잡아 병원에 도착했어요. 병원에서 저도 산소 치료를 받아야 했어요."

이야기꾼이 만나 본 보안관은 당시를 회상하며 긴장이 되는지 덥지도 않은데 땀을 많이 흘리더라고요. 나중에 마을 사람들한테 그 사고가 일어났을 당시의 이야기도 들을 수 있었어요. 그분들의 이야기를 옮겨 볼게요.

"창문을 닫았지. 나한테는 별 방법이 없었어요. 딸이 전화해서 무슨 일이 벌어졌다고, 그러니까 가스가 샜다는 것은 알았어요. 근데 차가 없었거든. 고장이 난 지 좀 되었는데, 고치질 못했어. 돈이 없어서 그랬지. 지금도 그때랑 크게 다르진 않지만.

그때 난 손주 둘을 데리고 있었어요. 아니, 잠시 데리고 있는 거였어요. 딸이 야간에 일하는 게 수당이 좋다고 일하러 가면서 손주들을 나한테 맡겼거든. 손주들에게 무슨 일이 생기면…… 아, 흐윽, 미안해요. 그때 생각을 하면……. 두 살밖에 안 된 손주는 천식이 있었어요. 그 아이에게 재빨리 흡입기를 주고 들

이마시게 했어요. 평소 쓰던 게 있었으니까. 그리고 큰애한테도 흡입기를 한 번씩 들이마시라고 했어요. 모르지, 나야. 하지만 숨을 잘 못 쉴 때 쓰는 거니 도움이 되지 않을까 생각했었어요. 그때는 뭐라도, 정말 뭐라도 해야 했으니까.

안개가 너무 짙어서 창문 밖이 하나도 안 보였어요. 그때 전화가 걸려 왔죠. 빨리 집을 빠져나오라고 소리소리 지르더라고. 근데 소리가 점점 작아지는 거야. 손주들이 숨을 크게 몰아쉬는 소리만 들렸어요. 수건에 물을 적셨죠. 모든 창문 틈을 젖은 수건으로 최대한 막았지. 아이들이 축 늘어지는 것을 본 게 그때였어요.

글쎄, 잘 모르겠네. 그냥 나도 한동안 멍하니 있었어요. 울고 있었던 것 같아. 손주들에게 달려가야 하는데 그냥 멍했던 것 같아요. 기도하는 수밖에. 누군가가 우리를, 아니 내 손주들을 구해 달라고. 주님, 아직 어린 이 손주들을 데리고 가시면 안 된다고. 누군가가 우리를 구하러 올 때까지 우리가 살아 있게 해 달라고.

두 살 된 녀석의 눈동자가 얼마나 맑은 줄 알아요? 아이들의 눈동자를 깊이 들여다본 적 있어요? 한번 봐 봐요. 그 어린 녀석들의 눈동자를 보면 그 애들을 왜 살려야 하는지, 왜 그렇게 절절할 수밖에 없는지 알게 될 거야. 음, 마지막 기억은 내가 무릎을 꺾고서 손주들이 축 늘어져 있는 침대 모서리에 머리를 기대고 있었던 거예요. 내가 잠이 드는구나, 이렇게 끝나서는 안 된다고, 손주들의 머리를 한 번 더 쓰다듬어 주고 싶어서 손을 뻗었던 것 같아. 손에 힘이 없어서……. 그게 마지막 기억이에요. 깨어나 보니 병원이었어요. 다행히 손주들도 무사해요. 아직 산소호흡기를 써야 하지만 이렇게 살아 있어."

다행히 그때의 가스 유출 사고로 사망한 사람은 없었다고 하네요. 하지만 몇 달이 지난 뒤에도 마을 주민들은 정신이 멍하거나 폐 기능 장애, 만성피로와 위장 장애에 시달렸고, 공황장애와 불면증으로 오래 고통을 받았다고 합니다.

미국은 화력발전소나 산업 공정에서 발생하는 탄소를 적극적으로 포집, 격리하기 위해 CCS 기술을 대대적으로 추진할 계획이에요. 이를 위해 이산화탄소를 포집, 수송할 수 있도록 대륙 전체에 걸쳐 파이프라인 네트워크 건설을 계획 중이죠.

야주카운티의 이산화탄소 누출 사고 이야기는 화학 살상 무기가 뿌려진 전쟁터가 떠올랐어요. 숨을 쉬고 있는데 숨이 안 쉬어지고 점점 숨이 막힌다니. 사고가 일어난 미시시피주 야주강 인근의 사타르티아 주민들은 오후 7시 30분경 대피 경보를 받았어요. 미시시피 433번 고속도로 근처의 울창한 숲에서 압축된 이산화탄소와 황화수소를 수송하는 파이프가 끊어진 걸 발견한 후였죠. 경보 발령 후 그 지역을 연결하는 양방향의 고속도로는 모두 폐쇄되었다고 해요. 사고 후 다음 날 아침에야 집으로 돌아갈 수 있었습니다.

전문가들은 파이프가 끊어진 이유로 폭우를 들고 있어요. 당시 미시시피주는 폭우로 계곡이 범람하고 지반이 약해져서 여러 곳에 산사태가 일어났다고 해요. 사타르티아 지역 인근에는 오래된 유전인 틴슬리(Tinsley)가 있어요. 그 유전에서는 원유 생산을 위해 땅속에 압축 이산화탄소 가스를 주입해 왔다고 해요. 덴버리라는 석유회사가 미시시피, 텍사스, 루이지애나 부근에 있는 유전들을 파이프라인으로 연결해서 이산화탄소를 공급해 왔고요.

불을 끌 때 쓰는 소화기 중에는 작동하면 고압의 이산화탄소가 분사되는 것이 있어요. 이산화탄소가 밑으로 가라앉으며 불이 붙은 물체를 덮어 산소를 차단해 불을 끄는 원리예요. 사타르티아에서도 파이프가 끊겨 많은 양의 이산화탄소와 황화수소가 새어 나왔고, 공기보다 밀도가 높은 이 가스들이 그 지역을 덮어 버려 산소가 점점 고갈된 거죠. 다행히 바람이 북쪽으로 불어서 더 큰 피해를 입지 않았어요. 사람들이 모두 잠든 시간에 가스 누출이 일어났다면 잠든 채로 모두…….

하여튼 이 사고는 40여 명이 입원하고 300여 명이 대피하는 정도로 사고가 마무리되었어요. 참, 이 사고에서 썩은 달걀 냄새는 황화수소 때문이에요. 원유 속에 포함된 유황 성분으로 생긴 불순물이죠. 원유를 생산할 때 유정에 주입하는 가스에는 이런 불순물이 포함되어 있답니다.

아프리카의 화산 지역에서 이와 비슷한 사고가 난 적이 있어요. 카메룬의 산 위에는 니오스(Nyos)라는 크지 않은 호수가 있고, 그 아래 산자락에 작은 마을이 있어요. 때는 1986년 8월 21일, 하룻밤 사이에 일어난 일이었어요. 다음 날 아침 그 마을 사람들과 가축들이 모두 죽은 채로 발견된 거예요. 1700여 명의 주민들과 3000여 마리의 가축들이 모두요. 기막혔죠. 피 한 방울 흘린 흔적도 없이 모두가 죽어 버리다니요. 악마의 저주를 받은 것도 아닌데.

사건 조사에 들어갔어요. 사고 전날 밤 산 위 니오스호수에서 우르릉거리는 소리가 여러 차례 났고, 보글보글 기포가 발생하는 소리도 들렸다고 해요. 호수 근처에는 오래된 화산이 있었는데, 화산활동으로 발생한 가스가 지각의 틈을 따라 호수 바닥에서 분출한 거예요. 가스의 정체는 바로 이산화탄소였습니다. 이 가스가 호수 밖으로 새어 나와 아랫마을로 쓸려 내려간 거죠. 대부분의 호수는 표면과 바닥의 온도 차가 커서 윗물과 아랫물이 섞이는 대류가 거의 일어나지 않아, 이산화탄소가 새어 나와도 호수 바닥에 거대한 돔 형태로 머물러 있어요. 카메룬에서는 도대체 무엇 때문에 이산화탄소가 호수 바닥에 머물지 않고 대기로 나오게 되었을까요? 그 이유는 아직 밝혀지지 않았지만, 밤새 소리 없이 쌓인 50미터 두께의 이산화탄소 뚜껑에 갇혀 마을은 통째로 질식사하고 말았습니다.

만남 하나, 가장 간단한 지구 공학 기술을 소개합니다

이산화탄소가 어느 한 곳에 모이면 참 무섭죠. 사실 이산화탄소 포집 및 저장(CCS) 기술도 이산화탄소를 모으는 일로 볼 수 있고요. 그래도 기후변화를 완화하려면 이산화탄소 배출을 줄이는 게 매우 중요해서, IPCC에서는 CCS 기술이 필요하다고 보고 있어요.[5] 유럽도 마찬가지예요. 2022년 EU에서 미래를 위한 지속 가능한 경제활동으로 인정할 수 있는 에너지원을 발표했는데,[6] 거기에 가스화력발전소가 포함됐어요. 하지만 킬로와트시(kWh)당 온실가스를 이산화탄소로 환산했을 때 270gCO2eq[7] 미만으로 배출해야 한다는 조건이 붙었죠. 가스화력발전은 보통 약 500그램의 이산화탄소를 배출하기 때문에, 친환경 자금의 투자와 지원이 가능하려면 CCS 기술로 배출량을 줄여야 해요. 그런데 환경 단체에서는 CCS 기술을 사용하는 데 걱정을 내비치고 있어요.

왜 어떤 사람들은 CCS 기술을 적극적으로 확대하려 하고, 어떤 사람들은 심각하게 우려를 제기할까요? 이야기꾼이 지질학 박사님을 만나 CCS 기술이 무엇인지 들어 보았습니다. 먼저 자기소개부터 부탁드렸죠.

"네? 자기소개요? 아, 네. 저는 지질학을 전공했고요. 지금 이야기하려고 하는 이산화탄소 포집 및 저장과 관련한 연구로 박사 학위를 받았어요. 좀 간단하고 쉽게 CCS 기술을 설명해 달라고 하셨는데, 이 기술은 원래부터가 이론은 매우 간단해요. 실용화하는 데 여러 걸림돌이 있어서 그렇지, 이론은 매우 간단합니다. 이름이 좀 낯설다고요? 그렇죠. 포집이란 이름을 글자 그대로 해석해 보면 '잡아서, 가둔다'예요.

우선 이야기의 시작을 이산화탄소가 발생하는 곳에서부터 하죠. 화석연료를 연소하는 모든 과정에서는, 그러니까 자동차의 배기통이나 화력발전소의 굴뚝에서는 많은 양의 이산화탄소가 배출돼요. 일단 그런 굴뚝을 막아야 해요. 막아서 거기에서 나오는 연소 후 가스를 모두 모아야죠. 그 가스에서 이산화탄소만 걸러 내요. 그렇게 모은 이산화탄소를 압축해서 파이프라인 같은 것으로 수송해 지하 깊은 곳에 가두는 거예요. 영원한 봉인까지는 아니어도 수백 년, 수천 년 이상 안정적으로 저장하는 거죠.

그래서 CCS 기술 1단계는 굴뚝에서 나오는 기체를 잡아내는 포집 과정이랍니다. 방법이 세 가지 정도 있어요. 지금 가장 많이 쓰이는 건 이미 1970년대부터 사용되던 기술이에요. 연소 후 가스에 이산화탄소가 잘 들러붙는 액체를 넣어 주고서 나머지 기체들을 날아가게 하는 방법이죠. 그런 다음에 이 액체를 가열해서 이산화탄소를 모아 탱크에 가두는 거예요. 물론 액체는 재사용해요. 두 번째로, 화석연료가 연소할 때 이산화탄소만 방출하도록 아예 공기에서 순수한 산소만을 걸러서 주입하는 방법도 있어요. 왜 이산화탄소 말고 다른 기체들이 나오냐고요? 일부 질소산화물이나 황산화물 같은 다른 기체들도 함께 섞여서 나와요. 공기에는 산소보다 질소가 4배나 많이 있죠. 그러니 연소 과정에서 질소산화물이 만들어질 수 있겠죠. 또, 석유는 대부분이 탄소와 수소지만 황, 질소, 산소 등이 일부분 섞여 있어요. 그래서 화석연료를 연소하게 되면 이산화탄소 말고도 다른 기체들이 나온답니다.

마지막 세 번째 방법으로는 아예 화석연료를 연소시키지 않고 수소와 이산화탄소로 분리해 버릴 수도 있죠. 화석연료로 직접 수소를 만들어 에너지원으로 쓰는 방법이에요. 두 번째와 세 번째 방법은 아직은 실용화된 기술은 아니에요. 보다 경제성 있는 기술로 개량하기 위해 연구를 하는 중입니다.

자, 이제 2단계로 이산화탄소를 옮겨야겠죠? 기체는 부피가 너무 크니까 대기압의 100배 정도 압력을 가해서 액체로 만들어요. 이렇게 액체가 된 이산화탄소를 파이프라인이나 트럭, 또는 배를 이용해 저장할 곳으로 옮깁니다.

마지막 단계가 남았죠. 이게 제가 박사 학위를 받은 분야예요. 영원히 봉인할 수 있는, 안정적인 곳을 찾는 작업을 먼저 해야 해요. 지층 내부를 조사해 기체를 많이 포함할 수 있는 역암이나 사암이 있는 곳을 찾아요. 암석 사이사이에 구멍이 적당히 있어서 그곳에 저장되어야 하니까요. 또 기체가 증발하지 않도록 그 위를 조직이 치밀한 셰일 같은 암석이 덮고 있으면 아주 좋은 곳이에요.

무엇보다도 지진이 일어나지 않는 장소를 찾아야 합니다. 그리고 만일의 사태를 대비해 충분히 지하 깊은 곳이어야 하고요. 가능하다면 육지보다는 해양 지층에 저장하는 것이 좋아요. 만에 하나 폭발이 일어난다면 육지에서는 바로 사람들의 생명을 위협할 수 있잖아요. 바닷속에서 폭발한다면 해양 산성화나 해

양생태계의 피해로 그칠 수 있을 테니까요."

만남 둘, 왜 미국은 CCS에 올인하는 걸까?

박사님의 이야기를 들으니 CCS 기술이 뭔지 이해가 조금 됩니다. 최근 미국은 기후변화 대응의 핵심 방법으로 이산화탄소 포집 및 저장 기술을 추진하고 있어요. 이야기꾼이 미국 화석에너지및탄소관리국에서 그 일을 담당하는 정부 관계자를 만나 이야기를 들어 보았어요.

"제가 맡은 업무가 탄소 관리입니다. 탄소 관리는 기후변화를 막는 데 가장 핵심적인 부분이라고 생각해요. 최근 RE100 캠페인[8]이 점점 확산되고 있습니다. 또, 미국 기업들이 100퍼센트 재생에너지로만 전력을 충당하는 목표 기한이 2035년입니다. 하지만 그 이후에도 폐쇄 계획이 없는 천연가스발전소가 있습니다. 또 제품 생산과정에서 이산화탄소가 발생할 수밖에 없는 시멘트 산업, 철강 산업 등도 있지요.

설명을 좀 더 해도 될까요? 탄산칼슘으로 이루어진 석회석을 높은 온도로 구우면 이산화탄소가 날아가면서 성질이 변해 산화칼슘, 즉 시멘트의 원료가 됩니다. 원료의 절반 가까이가 이산화탄소로 날아가고 에너지도 엄청나게 사용하면서 또 이산화탄소를 발생하게 되는 것이죠. 시멘트 1톤을 생산하는 과정에서 이산화탄소가 0.8톤 발생합니다.

또, 철강 산업의 경우 산화된 철광석을 탄소 덩어리와 함께 높은 온도로 가열해 산소를 빼앗아 철을 만드는데, 이 과정에서 이산화탄소가 발생하죠. 철강 1톤을 생산하는 데 이산화탄소가 1.83톤이 발생합니다. 이 두 산업이 이산화탄소를 배출하는 공룡인 셈이죠. 그런 곳에 CCS 기술이 꼭 필요합니다.

CCS 기술은 새로운 것이 아니에요. 안전성에 대해 걱정을 하는데, 이미 오래전부터 석유 회사에서는 이 방법을 써 오고 있어요. 들어 보세요. 오래된 유전은 석유가 잘 나오지 않겠죠. 그래서 압축 이산화탄소를 넣어 줘요. 그러면 이산화탄소 기체에 밀려서 석유가 더 잘 추출돼요. 게다가 본래 석유가 있던 곳에 이산화탄소가 들어가 갇히게 되니까 얼마나 효율적입니까? 물론 그렇게 해서 탄소를 줄였다 하더라도 석유를 더 많이 생산해 사용하면 다시 탄소가 배출되니 원점으로 돌아가 버리는 문제가 있긴 하죠. 하지만 앞으로는 오래된 유전뿐 아니라 이미 폐쇄된 폐유전이나 쓸모를 다한 가스전을 찾아 탄소를 주입할 계획이고, 다른 지층에서도 탄소 저장 공간을 찾고 있어요.

지금은 CCS가 비용이 많이 들어가는 기술이라 하루빨리 비용 절감 방법을 찾는 게 중요해요. 물론 그러려면 대규모 파이프라인을 추가로 건설해야 하고, 이 파이프라인이 새거나 폭발하지 않도록 관리 감독을 철저히 해야 하겠죠. 미국에는 천연가스나 원유를 수송하기 위해 이미 건설된 파이프라인들이 적지 않아서 기존의 시설을 활용해 예산을 줄일 수 있다고 봅니다.

시멘트·콘크리트·철강 산업의 경우, 현재 기술로는 대량의 이산화탄소를 배출할 수밖에 없어요. 하지만 이런 것들 없이 문명사회가 유지될 수는 없잖아요? 이런 곳에서 CCS 기술이 진가를 발휘할 거예요. 또, 앞으로는 전 세계에서 기후변화 대응책으로 재생에너지를 사용하지 않았거나, 생산과정에서 탄소를 많이 배출한 제품들은 수출 과정에 불이익을 받게 될 거예요. 아예 수출길이 막힐 수도 있으니, CCS 기술에 비용이 많이 든다고 활용하지 않을 수는 없겠죠. 물론 우리도 가장 중요한 것은 안전이라고 생각하고 있습니다."

만남 셋, 다이아몬드도 만들고 콜라도 만들 수 있다더니

이야기꾼이 이번에는 경제학자를 만나 봤어요.

"저는 들어간 비용과 결과를 비교해, 얼마나 효과가 있었는지를 기준으로 기술의 적합성을 판단합니다. 그런데 이런 점에서 CCS 기술은 시장에서 환영받을 만한 기술은 아닙니다. 예를 들어 볼까요? 태양광이나 풍력 등과 같은 재생에너지는 생산하는 게 있습니다. 바로 전기죠. 생산한 전력은 상품이 되어 시장에서 판매할 수 있습니다. 이윤을 얻게 되는 거지요. 그런데 똑같이 기후변화를 막는 CCS 기술의 경우, 생산하는 게 없습니다. 그러니 판매할 수 있는 상품도 없죠. 오로지 탄소를 잡아 가두기 위한 처리 비용만 들어갑니다. 그렇다면 기업 입장에서는 차라리 재생에너지 쪽에 투자하는 게 더 구미가 당기겠지요. 그리 어렵지도 않은 CCS 기술의 발전 속도가 여전히 더딜 수밖에 없는 이유가 바로 거기에 있습니다.

영국의 하이넷 노스웨스트 잉글랜드 프로젝트를 살펴볼까요? 이 프로젝트로 매년 1.1메가톤의 이산화탄소를 감축하는 데 들어간 비용이 9억 2000만 파운드(우리나라 돈 약 1조 5000억 원)나 돼요. 아무것도 팔 수 없는 행위를 하는 데 들어간 비용이 만만치 않죠. 그래서 일부 기업에서 CCS 기술로 포집한 이산화탄소를 이용해서 뭔가를 생산해 내는 방법을 고안하고는 있습니다. 포집한 이산화탄소를 가공해 탄소 나노 튜브를 생산한다든지, 이산화탄소를 광물로 만들어 팔아 수익을 내려고 노력합니다. 또, 탄소는 작물이 광합성을 하고 잘 자라는 데 꼭 필요하니까 포집한 이산화탄소를 온실을 운영하는 농업 분야에 판매하기도 해요.

심지어 탄산음료 회사에 포집한 이산화탄소를 판매하는 등 뭔가 수익을 내기 위해 애를 쓰고는 있지만 불행하게도 고부가가치 산업이 아니라 여전히 언 발에 오줌 누는 격입니다. 현재 포집한 탄소를 이용해서 만들 수 있는 물질은 폴리우레탄, 폴리카보네이트, 일산화탄소 등 30~40가지 정도인데, 사실 이 물질들은 CCS 기술 없이도 이미 오랫동안 안정적인 가격으로 공급되고 있어요. 그러니 가격 면에서 경쟁이 되지 않겠죠. 포집하는 데 비용이 너무 많이 드는 데다, 이산화탄소 자체가 매우 안정적인 물질이어서 이것을 다시 분해해서 다른 제품으로 만드는 것 또한 비용이 많이 들어요.

그러니 결국 이 기술이 살아나는 길은 정부의 적극적인 지원책뿐인 실정입니다. 연구비도 지원해 주고 세제 혜택 같은 것도 있어야 하죠. 하지만 이런 지원책만으로는 시장에서 살아남기가 쉽지 않습니다. 얼마 전 테슬라의 일론 머스크 씨가 CCS 기술에 힘을 실어 주려고 탄소 포집 기술 경연 대회를 열었어요.

1기가톤의 탄소 포집 기술을 개발한 팀에게 1억 달러(약 1300억 원) 상당의 상금을 내걸었죠. CCS 기술의 발전 가능성에는 명백한 한계가 있어서 이런 경연 대회는 환경을 위한 큰 기부이자 일종의 이벤트일 뿐이에요.

경제학자인 제 입장에서 이산화탄소의 포집과 저장 기술은 기업들이 외면하는 기술, 안전성도 장래성도 불안한 기술, 우리는 이만큼 했고 할 만큼 했다는 핑계를 만들어 주는 기술로 보입니다."

그린 워싱으로는 절대 지울 수 없는 검댕

지질학 박사님, 미국 정부 관계자, 경제학자의 이야기를 들으며 이런저런 생각들이 떠올랐을 거예요. 이야기꾼이 이 세 사람이 못다 한 이야기를 이어 가 볼게요. 녹색으로 세탁한다는 이야기, 들어 보았죠? 흔히 '그린 워싱'이라고 말하죠. 실제로는 기후 위기를 막는 방법이 아닌데 마치 그런 것처럼 적당히 포장하는 행위를 두고 하는 쓴소리인 셈이죠.

한 커피 전문점에서 일회용 플라스틱 컵을 줄이자고 다회용 플라스틱 컵을 나눠 준 일이 있었어요. 플라스틱을 줄이자면서 또 다른 플라스틱 쓰레기를 만들어 내고는 '친환경 캠페인'이라고 대대적으로 홍보를 했죠. 어떤 화장품 회사는 플라스틱병을 종이로 완전히 감싼 다음 '친환경 포장 제품'이라고 팔기도 했어요. 환경을 생각하는 사람들을 속인 것이나 다름없죠.

그런데 CCS 기술을 활용하는 기업이나 기술도 그린 워싱 소리를 들어요. 현재 CCS 기술을 가장 많이 사용하고 있는 회사가 어디일까요? 바로 정유 회사들이에요. 이들은 오래된 유정에서 석유를 쉽게 생산하기 위해 원유가 점점 비어 가는 지층에 이산화탄소를 주입해요. 그러면서 이야기하죠. 이산화탄소를 땅속에 가두면서 석유도 더 많이 생산할 수 있으니 얼마나 좋냐고요. 그건 아니죠. 앞에서 미국의 화석에너지및탄소관리국 관계자도 지적했듯이, CCS 기술을 써야 하는 이유는 대기 중 이산화탄소 농도를 늘리지 않기 위해서예요. 그런데 분명히 곧 이산화탄소를 배출하게 될 석유를 더 많이 생산했으니 이산화탄소 농도를 줄인 게 아니죠.

그러니 불신이 클 수밖에 없겠죠? 게다가 CCS 기술을 사용한다는 핑계로 화석연료 사용 중단을 미루게 되지 않겠냐는 걱정의 소리도 있어요. 우리나라에서도 2021년 국정감사에서 한 기업이 오스트레일리아의 가스전을 구매하면서 국가가 운영하

는 수출입은행에서 금융 지원을 약속받은 사실이 드러났어요. 가스전을 구입하면서 국가의 지원을 받을 수 있었던 건 CCS 기술 때문이었다고 합니다. 탄소 배출을 최대한 줄여야 하는 시점에 오히려 국가의 지원하에 탄소 배출을 더 하게 된 셈이죠. 글로벌위트니스(Global Witness)의 2021년 한 보고서에서는 전 세계적으로 CCS 기술을 사용하는 기업은 26개로, 지금까지 포집된 탄소의 81퍼센트는 오래된 유전에서 석유를 더 뽑아내기 위해 사용된 것이라고 합니다. CCS 기술을 사용하지 않았다면 이 화석연료는 그대로 지층에 남아 있었겠죠.

CCS 기술이 과대 포장되었다는 연구 보고서도 있어요. 스탠퍼드대학교 토목환경공학과에서 진행한 한 연구에 따르면, 탄소 포집 장비를 가동했을 때 배출량의 85~90퍼센트를 제거할 수 있다는 주장과 달리, 실제로는 10~11퍼센트 정도만을 포집할 수 있었다고 해요. 또, 포집 장비가 들어서는 지역사회의 보상 비용 같은 사회적 경비와 포집 기술을 쓰며 계속 가동하는 화력발전소의 대기오염 문제 등, 모든 비용과 이익을 계산해 보았다고 합니다. 그 결과 오히려 포집 기술을 사용하지 않고 재생에너지로 전기를 생산하는 것이 경제적으로나 환경적으로 이익이라는 결론을 내렸어요. 심지어 이런 CCS 기술의 장려가 에너지를 저장하고 에너지 효율을 높이는 기술의 성장을 오히려 방해할 거라고 우려했어요.

그러니 이산화탄소를 포집하고 저장하겠다는 기술은 결국 이런 이야기예요.

"어, 여러분, 얼굴에 뭐가 묻었어요. 떼어 내셔야겠어요. 아, 아니, 그렇다고 검댕이 묻은 손으로 얼굴을 만지시면 어떻게 해요! 아까 묻어 있던 건 떨어졌지만 다시 검댕이 묻었으니 도로 원점이잖아요."

듣고 말하고 생각 정하기

이야기꾼입니다. 다음은 내 생각을 정리하고 내 입장을 결정하는 데 도움이 될 질문들입니다. 미래 세대인 우리가 어떤 마음가짐으로 어떻게 행동해야 할지 함께 답을 찾아봅시다.

- 정부 재정은 한정되어 있다. 재생에너지를 확대하기 위해 재정을 지원하는 것과 CCS를 육성하는 데 재정을 지원하는 것 중 어떤 부분에 더 많은 정부 재정이 지원되어야 할까? 그렇게 생각하는 이유는?
- 기후변화를 막는 데 있어 CCS 기술의 긍정적인 역할은 무엇일까?
- 기후변화를 막는 데 CCS 기술의 확대가 가지는 부정적인 역할은 무엇일까?
- "과학기술 발전이 기후 위기를 해결할 것이다."라는 주장이 있다. 기후변화를 막는 일에 새로운 과학기술을 적용한다면 어떤 것들을 주의해야 할까?
- 지금 우리에게 지속 가능성과 끊임없는 발전 중 어느 것이 더 필요할까? 둘 중에 무엇이 우리 사회가 나아가야 할 방향일까? 그렇게 생각하는 이유는?

끝나지 않은
이야기

NO MORE GREENWASH
ACT NOW
extinction
rebellion

1) 지구를 구하려는 기상천외한 아이디어들

지구 공학은 Geo-Engineering이라고 하는데요, 거대한 규모, 즉 지구 규모급의 공학 기술을 다룹니다. 기상천외한 아이디어를 읽다 보면 저절로 웃음이 나올 만큼 과학자들의 아이디어가 재미있을 때가 있어요. 그러나 대부분은 아이디어로 그치고 있습니다. 왜냐하면 지구 규모에 대대적인 변화가 어떤 영향을 줄지 가늠할 수 없고, 예측을 하기도 어려워 반대 여론이 만만치 않거든요. 뿐만 아니라 비용이 워낙 커서 경제적인 측면에서도 효율성을 확신하는 데 어려움이 따릅니다.

---

2) 우리나라에서 탄소를 가장 많이 배출하는 기업의 CCS 실험

포항 앞바다 플랫폼은 우리나라에 최초로 세워진 탄소 포집 실증 플랫폼이에요. '실증'이란 개발한 제품을 시장에 출시하기 전에 실제 사용에 문제가 없는지 검증하고 안정성을 살피는 과정을 말하죠. 첨단 기술의 실증은 기업 입장에서 부담이 되므로, 정부가 첨단 기술을 육성하기 위해 국민의 세금으로 비용을 대부분 지원해요. 포스코는 제철소에서 철강 제품과 스테인리스스틸 제품을 생산하는 국내 최대 철강 회사이자 우리나라에서 온실가스를 가장 많이 배출하는 기업이에요. 이 에피소드는 포항 실증 플랫폼과 포항 지진 이후 울릉도 가스전으로 옮겨 간 실증 연구 플랫폼 이야기입니다.

---

3) CCS가 구하는 것은 지구일까, 기업일까?

CCS(Carbon Capture and Storage)는 탄소를 잡아서 저장(또는 격리)하는 기술이에요. 여기에다 활용(Utilization)을 추가해서 CCUS라고 부르기도 해요. CCS 기술이 화석연료를 계속 사용하는 핑계로 활용되어선 안 되겠죠.

4) 파랑? 초록? 회색? 수소라고 다 친환경은 아니다

현재 국내에서 생산되는 대부분의 수소는 천연가스로 만든 그레이 수소예요. 천연가스는 탄소와 수소 네 개가 결합한 메테인이 주성분이죠. 그레이 수소를 만드는 방법에도 여러 가지가 있는데, 그중 현재 쓰이고 있는 것은 뜨거운 수증기를 촉매로 사용하는 방법이에요. 메테인은 탄소와 수소의 결합이 매우 안정적인 물질이에요. 그래서 쉽게 바꿀 수는 없어요. 메테인에 뜨거운 수증기를 촉매로 작용시켜 수소를 생산하는데, 이 과정에서 이산화탄소도 함께 발생해요. 1킬로그램의 수소를 생산하면 약 13.7킬로그램의 이산화탄소가 나오죠. 또, 뜨거운 수증기를 사용해야 해서 추가로 에너지도 상당량 쓰게 된답니다. 이 과정을 통해 만들어지는 수소를 그레이 수소라고 불러요.

그런데 이때 발생하는 이산화탄소를 CCS 기술을 사용해 포집, 저장한다면 이산화탄소 발생량을 조금은 줄일 수 있겠죠. 그래서 이 방식으로 생산한 수소를 블루 수소라고 부른답니다. 짐작했겠지만 그린 수소는 태양이나 바람으로 생산된 에너지를 사용해 물을 전기분해 하는 수전해 방식으로 얻어요. 생태계에 가장 부담을 주지 않는 방식이죠.

5) IPCC 과학자들의 CCS 기술 평가

IPCC 보고서는 CCS 기술과 같은 지구 공학 기술에 부정적이지 않은 평가를 해 왔어요. 정확하게는 이렇게 표현하고 있습니다. "장기적으로 CO_2 제거를 확대하면 '전 지구적 수준에서 순 음의 CO_2 배출량'을 제공해 '지구온난화의 역전'을 일으킬 수 있다고 중간 수준의 확신으로 서술한다."

그리고 2022년 4월에 발표된 6차 보고서에서는 CCS 말고도 대기 중에서 직접 탄소를 화학적으로 제거하는 방법에 대해서도 서술하고 있어요. 대기 중에서 직접 탄소를 제거하는 방법은 대형 팬을 돌려 공기를 기계 안으로 빨아들인 뒤 화학적 처리를 거치죠. 이 과정에서 이산화탄소만을 화학 용액에 용해시켜요. 그런 다음 이 용액을 처리해 탄산칼슘 펠릿을 생산하고 있죠.

또, 이산화탄소를 제거하는 방법으로 1년생 식물을 이용하는 방법을 들고 있어요. 에탄올 등을 생산할 수 있는 바이오에너지 작물을 대거 재배해 작물을 키우며 성장하는 동안 광합성으로 탄소를 대기 중에서 제거한 다음, 그 식물로 연료를 만들어 사용하는 기술이에요. 하지만 바이오 연료로 대기 중 탄소를 제거하는 기술이 효과를 보려면 상당한 면적의 작물 재배지가 필요하다고 해요. 식량이 아니라 연료 생산을 위한 작물 재배지가 늘어날 경우, 저개발 국가는 곡물 가격 상승으로 힘들어질 거라는 비판의 목소리가 적지 않아요.
이런 역배출 또는 네거티브 배출이라고 불리는 이산화탄소 제거 기술이 제안되는 것은, 현재 이산화탄소 배출량으로는 1.5도 이내로 기온 상승을 제한하기가 불가능하다는 판단이 지배적이기 때문이에요. 하지만 IPCC 보고서에도 기술적 한계, 경제성의 문제, 생태계에 위해를 가할 수 있는 문제, 사회 문화적 장벽 등으로 현재로서는 실효성이 크지 않다는 평가를 덧붙이고 있죠.

---

6) 그린 택소노미

투자, 어디에 해야 미래를 위한 책임 있는 행동이 될까요? 유럽연합에서는 그린 택소노미라는 권고안을 만들어 왔어요. 법적 규제가 있거나 경제적 제재 조치가 있는 것은 아니지만, 유럽연합에서 인정한 에너지원을 사용한 제품, 사용하는 산업이라는 라벨이 마치 친환경 인증 마크 같은 효과를 내는 제도예요.

---

7) 복잡한 온실가스 배출, 한눈에 알아차리기

온실가스에는 이산화탄소 말고도 메테인, 아산화질소 등 여러 기체가 있어요. 이 기체들은 각각 지구의 온도를 올리는 능력이나 대기 중에 머무는 기간이 달라요. 그래서 이를 이산화탄소로 바꿨을 때의 양으로 통일해 비교하죠. 즉 모든 온실가스를 이산화탄소로 환산해 나타낸 단위가 CO_2eq(이산화탄소 환산량)예요.

8) RE100, 알이백 또는 리백

'Renewable Energy100'의 약자로 2050년까지 100퍼센트 재생에너지로 기업을 운영하겠다는 기업들의 자발적 약속입니다. 2014년 영국의 비영리 기구 더클라이미트그룹(The Climate Group)이 시작한 캠페인이죠. 2022년 4월까지 구글, 애플, 나이키 등 350개가 넘는 전 세계 기업이 참가하고 있습니다. 해당 누리집에 들어가면 우리나라의 롯데칠성음료, SK, KB금융그룹 등도 볼 수 있습니다.

주제 5

우주

기후 위기 시대에 우주여행이 꼭 필요할까?

안녕하세요, 이야기꾼입니다. 이번 주제는 우주입니다. 우주개발이 기후 위기와 무슨 관계가 있을까요? 전 세계 억만장자들이 민간 우주 관광회사를 만들어 경쟁적으로 우주선을 쏘아 올리는 지금, 국경도시 한 상점의 낡은 TV가 여러분을 이야기 속으로 초대합니다. 그곳에서 이야기꾼이 만난 또 다른 기후 위기 이야기를 만나 보아요.

이야기 하나, 국경도시 후아레스의 낡은 TV

거리에는 여느 날처럼 사람들이 많다. 어디를 향해 가는 것도 아니고 무엇을 하는 것도 아닌 사람들이 서성인다. 그들은 모두 제각기 다른 먼 곳에서 이 도시로 하염없이 이동해 왔다. 쭈그리고 앉아 뭔가를 먹는 사람도 있고, 웃으며 요란하게 대화를 나누는 사람도 있다. 분명 시답지 않은 이야기일 테지만 이렇게라도 웃지 않으면 다시는 웃을 일이 없는 사람처럼 과장되게 상체를 한껏 젖히며 웃는다. 몇몇은 문을 열고 내가 있는 곳까지 들어와 가게 사장과 이야기를 한다. 주로 다리 이야기다.

이곳 후아레스시에는 국경을 잇는 다리가 있다. 말라붙은 리오그란데강을 가로지르는 다리를 건너면 바로 미국이다. 그 다리를 건너기가 좀처럼 쉽지 않다고 한다. 요즘은 더 어려워졌고, 이주나 망명을 신청한 사람들 중 반도 안 되는 이들만 간신히 다리를 건넜는데 그것도 변호사를 산 사람들이나 가능했다고 한다.

오래전, 난 좀 더 거리가 잘 보이는 쇼윈도 앞에 놓여 있었다. 사람들은 항상 나를 기웃거리며 눈을 떼지 못했고 내게서 뉴스가 흘러나오면 이내 몰두했다. 그럴 때면 나도 가능한 한 침착하게, 하지만 최선을 다해 멋있는 모습을 보여 주려고 노력했다. 그러다 점점 시간이 흐르고 사람들이 날 바라보는 눈빛이 달라지더니 가끔은 주먹으로 쾅쾅 치기도 하고 잔뜩 불만스러운 목소리로 손가락질을 하기도 했다. 그러고 나서 지금 이 자리로 오게 되었다.

날이 갈수록 이런저런 잡동사니들이 내 위에 놓였다. 좀처럼 벗겨질 것 같지 않은 얼룩이 묻은 살사 통과 라임 조각이 쌓여 있는 바구니, 다진 고수와 양파가 담긴 그릇. 그래도 난 여전히 상점 안에 있고, 똑바로 보이진 않아도 창문을 통해 거리를 내다볼 수 있다. 내가 이 자리로 올 때 '8K 초고화질' 라벨이 붙은 최신식 TV가 새로 들어왔다.

나는 쇼윈도에 자리한 그를 '최신식'이라 이름 붙였고 날마다 곁눈질로 그가 내보내는 화면을 보았다. 사랑 이야기, 옥수수 가격이 올라가서 토르티야 가격이 올랐다는 이야기, 이웃 나라 대통령이 새로 뽑힌 이야기, 그 대통령이 '멕시코에 남기(Remain in Mexico)'라는 새로운 이민정책을 발표한 이야기……. 세상의 온갖 이야기들이 최신식에서 흘러나왔다. 최신식보다 출입문에 가까이 있으니, 후아레스 거리의 이야기는 내가 더 많이 알 것이다. 그래도 나에게선 좀처럼 다시 소리가 나지 않는다. 나를 깨워 소리를 들으려는 사람은 없다. 시끄러운 것보다는 점잖아 보일 테니 난 괜찮다.

며칠 전 최신식이 틀어 준 뉴스에서 우주 비행선이 나왔다. 앞으로 우주 관광 시대를 열겠다는 우주선은 옛날에 내가 보여주던 우주선과는 생김새가 많이 달랐다. 사람들이 나에게 몰두하던 그때의 우주 비행사들은 팔을 들기도 불편해 보이는 투박한 내리닫이 옷을 입었는데, 지금 뉴스에 등장한 우주 비행사, 아니 관광객은 몸의 곡선을 살린 우주복을 입고 있다.

오래된 기억들이 떠오른다. 차량들이 닐 암스트롱과 우주 비행사들을 태우고 길게 줄지어 발사 장소로 이동하던 모습, 발사장 옆 흑인들이 모여 시위하는 곳에서 연설하던 젊은 목사, 달에서 〈히프티 호프티〉 노래를 부르며 겅중겅중 우스꽝스럽게 뛰어다니던 우주 비행사들.

앵커: 목적지는 인류 역사의 오랜 꿈인 달입니다. 1968년 12월 21일은 역사 속에서 기억될 것입니다. 112시간 50분 뒤에

인류는 달의 표면에 발을 디딜 것입니다. 역사적인 순간입니다. 지구에서 가장 부유하고 힘 있는 국가가 무엇을 할 수 있는지를 보여 주는 순간입니다. 우주 탐험, 이것은 인류의 운명이고 곧 사명입니다. 인류는 지구를 벗어나 이제 우주로 발걸음을 떼고 있습니다. 인류의 거대한 도약이 시작되려고 합니다.

게스트: 달 탐험에 엄청난 관심이 쏠리고 있어요. 사람들이 마음 깊은 곳에서 또 다른 에덴동산을 찾으려 하는 건지도 모르죠. 인간은 자기가 살아가는 세상에 대해 일종의 죄의식을 지니고 있습니다. 자기가 살던 장소를 더럽혔으니 이제 또 다른 장소를 찾아 나서려는 거예요. 하지만 자신의 실수로 녹슬어 버린 우리에서 쫓겨나는 것이 아니라, 스스로 닫힌 우리의 문을 열고 새로운 에덴을 찾는 겁니다. 용기 있는 결단이자 우주에 대한 끝없는 동경의 실현입니다.

앵커: 발사장 부근에 수많은 인파가 모여 있습니다. 인류의 위대한 발걸음에 다른 입장을 가진 소수의 사람들도 있네요. 화면을 잠시 그곳으로 옮겨 보겠습니다.

목사: 우리는 앞으로 화성이나 목성에 갈 수도 있고, 그걸 넘어서 더 먼 우주로 나아갈지도 모릅니다. 우주탐사를 위한 실험은 성공했는지 모르지만, 인종차별, 빈곤, 기아, 전쟁이 이 땅에 만연하는 한, 우리의 문명은 실패한 것입니다.

나의 회상은 최신식에서 흘러나오는 화면의 번쩍임과 함께 끝났다. 프레임 속에 날렵한 지붕의 우주 공항이 보였다. 곧이어 양쪽에 쌍둥이 비행선 두 대와 가운데 우주선이 합체된 신형 로켓이 하얀 구름을 만들며 하늘로 날아가는 모습이 나왔다. 모선 '이브'에서 분리된 우주선 '유니티'는 붉은 불기둥을 힘차게 내뿜으며 계속 상승했다. 화면이 바뀌자 엔진이 꺼진 무중력 상태의 우주선 내부에서 둥둥 떠다니는 관광객 네 명의 모습이 등장했다.

앵커: 영국의 억만장자 리처드 브랜슨 경은 지난 일요일 자신의 개인 우주 관광 회사인 버진갤럭틱의 승무원이 되어 우주의 가장자리로 날아갔습니다.

브랜슨: 우주에 오신 것을 환영합니다! 저도 한때 별을 올려

다보며 꿈을 키우던 아이였습니다. 지금은 아름다운 지구를 내려다보고 있습니다. 별을 바라보며 우주를 꿈꾸는 다음 세대 여러분, 꿈을 꾸면 다 이루어집니다. 우주는 우리 모두의 것이라고 믿습니다. 17년간의 연구와 공학, 혁신 끝에 새로운 상업용 우주산업은 우주를 열고 세상을 영원히 바꿀 준비가 되었습니다.

그날 쇼윈도에 코를 박고 뉴스를 보던 아이가 있었다. 뉴스가 끝나고 나서도 그 아이는 창에서 얼굴을 떼지 않았다. 이후에도 아이는 종종 상점 앞으로 찾아왔다. 우주선 뉴스가 나올 때도 있었고 아닐 때도 있었다. 그래도 아이는 한결같이 유리에 바싹 붙어 화면을 쳐다보았다. 꿈을 꾸는 것처럼 보이기도 했다. 눈을 뜬 채로 꿈을 꾸는지는 모르겠지만, 가끔은 어른이 와서 아이를 데리고 갈 때도 있었다. 그 사람은 아이를 데리고 무리 지어 있는 사람들 틈으로 사라졌다. 아마 국경의 다리가 열리기를 기다리는 사람인가 보다.

한번은 그 아이가 동생처럼 보이는 여자아이와 함께 상점 안으로 들어온 적이 있었다. 상점 주인이 아이를 기다리게 하고 뭔가를 가지러 갔다. 아이는 동생의 손을 꼭 붙잡고 이야기를 했다.

"여기에서 100마일(약 160킬로미터)만 가면 우주 공항이 있어. 거기로 갈 거야. 다리를 건너게 되면, 맨 먼저 거기로 가자고 엄마한테 부탁할 거야. 너도 그때 같이 엄마를 졸라야 해, 알았지? 내가 이다음에 우주 비행사가 돼서 돈을 많이 벌면 네가 갖고 싶어 하는 그 인형도 사줄 수 있을 거야. 그러니까……."

사장이 들고나온 물건을 받아 들고 아이는 동생과 돌아갔다. 자꾸 뒤를 돌아보면서. 그 뒤로도 몇 번인가 아이는 다시 왔었다. 그러다 영영 나타나지 않았다. 남루한 짐 꾸러미를 든 사람들이 무리 지어 있던 곳에 사람 키의 몇 배나 되는 새로운 담이 생겨난 뒤였다. 새 담도 우주선만큼이나 세련되어 보였다. 내가 있는 곳에서는 담의 일부만 볼 수 있었지만, 이 거리에 있는 건축물 중 가장 최신식이라는 것을 한눈에 알 수 있었다. 나는 그 뒤로 혹시 아이가 우주 공항에 가서 비행선을 타지 않았을까 하고 열심히 최신식이 틀어 주는 뉴스를 보았다. 거리에 사람들이 점점 줄어들었다. 간혹 손님들이 들어와서 주인과 난민 캠프 강제 철거 이야기를 나누었다. 그들이 떠난 자리에 남겨진 짐을 치우기 위해 쓰레기차가 몇 대나 와서 거리의 물건들을 싣고 갔다는 이야기였다.

"490만, 490만, 500만, 500만, 510만, 510만……."

웅얼웅얼 반복되는 소리가 계속 들려옵니다. 금액만은 정확하게 발음하던 경매 담당자가 20명 남짓한 경매 참가자들을 이리저리 둘러보네요. 미국의 우주로켓 기업 블루오리진의 첫 번째 우주 관광 티켓을 파는 경매장. 다들 한 손에는 요즘 보긴 드문 유선전화를 들고서 그들의 고용주에게서 실시간으로 입찰 지시를 받고 있어요. 한 남자가 작은 검은색 손 팻말을 듭니다. 경매 담당자는 손으로 그를 가리키며 오케이 사인을 보내자마자 다시 다음 입찰가를 부릅니다.

"520만, 520만, 오케이 션, 530만, 530만, 오케이……."

계속되는 웅얼거림 속에 숫자는 가파르게 올라가고, 손 팻말도 여기저기서 춤추듯 올라가고 또 올라가기를 거듭합니다.

세계에서 가장 부유한 사람들을 위한 자리인 이 경매는 이미 2주 전부터 온라인으로 시작되었습니다. 전 세계 159개국에서 7600여 명이 온라인 경매에 등록했고, 오늘이 최종 입찰자를 위한 마지막 오프라인 경매입니다.

"720만, 얍, 730만을 찾습니다. 730만, 당신 730만인가요? 네?

800만, 800만…….”

몇 분 지나지 않아서 입찰가는 경쟁적으로 뛰어오르기 시작했어요.

“960만, 네? 1000만이라고 하셨나요? 좋습니다. 걱정하지 마십시오. 결정은 마지막 입찰가로 판가름 납니다.”

최종 입찰은 107번이라고만 알려진 사람에게 돌아갔습니다. 107번이 마지막에 부른 가격은 2800만 달러였습니다.

와, 2800만 달러. 입찰 당시 환율로 약 320억 원이에요. 첫 민간인 관광객이자 세계에서 가장 부자인 아마존 대표와 함께하는 우주여행이라고는 하지만 굉장한 가격이었죠. 과연 어떤 여행이었을까요?

우선 블루오리진은 ‘뉴세퍼드’라는 로켓을 발사체로 이용해요. 뉴세퍼드 머리 부분에 둥근 지붕 모양의 캡슐이 장착되어 있고, 그 안에 탑승객 좌석이 네 개 있어요. 뉴세퍼드는 연료로 액체수소를, 산화제로 액체산소를 사용하고 있죠. 고도 약 75킬로미터까지 올라가서 캡슐을 분리한 뒤, 뉴세퍼드는 다시 지구로 돌아와요. 로켓에서 분리된 캡슐은 고도 100킬로미터를 살짝 넘어선 곳까지 올라갑니다. 지구와 우주의 경계까지. 카르만 라인[1]이라고 부르는 곳이죠. 이제 캡슐은 지구궤도를 돌고, 캡슐에 탄 사람들은 SF 영화 속 우주 비행사나 우주정거장의 우주인들처럼 무중력상태에서 신나게 유영하며 우주 식량도 먹고 저 아래 푸른 지구를 실컷 내려다보는 걸까요?

놀랍게도 320억 원짜리 우주여행은 약 11분이면 끝나고 맙니다. 안전벨트에 묶인 채 지구의 둥근 모서리를 잠시 바라보다가 3분 정도 무중력상태를 경험하는 게 관광의 전부죠. 이야기꾼이 카르만 라인의 중력이 얼마나 되나 계산해 봤어요. 60킬로그램인 사람을 기준으로 계산했더니, 지구에서 이 사람에게 작용하는 중력은 588N인데 카르만 라인에 가면 571.5N이 되더라고요. 대략 3퍼센트 줄었어요. 거의 줄지 않았죠? 중력이 작용하니까 무중력상태는 아니라는 건데 3분간 무중력상태를 체험한다니, 설명이 좀 필요하겠죠?

우리가 무중력상태라고 이야기하는 것은 실은 무중력이 아니라 중력을 느끼지 못하는 상태예요. 왜 중력을 느끼지 못하냐고요? 예를 들어 저울 위에 올라섰다고 해 봐요. 몸무게가 상당한가요? 괜찮아요. 이제 저울 위에서 저울과 함께 아래로 떨어진다고 상상해 봐요. 저울과 내가 동시에 같이 떨어지면 저울의 눈금은 0에서 움직이지 않아요. 중력이 작용하니까 아래로 떨어지지만, 저울은 나와 함께 같은 속도로 떨어지기 때문에 중력을 측정할 수 없거든요. 내가 있는 주변이 함께 같은 속도로 떨어진다면 중력을 느끼지 못하는 상태가 되는 거예요.

이번에는 높은 곳에서 자유낙하를 하는 순간을 생각해 봐요. 자이로 드롭을 타듯 몸이 붕 뜨는 느낌이 들 거예요. 우주 관광선 버진갤럭틱이나 블루오리진도 카르만 라인까지 올라간 뒤 자유낙하를 시작합니다. 우주선의 바닥도 함께 자유낙하를 하기 때문에 바닥은 여행자들을 받쳐 주지 못해요. 덕분에 우주 여행자들은 우주선 안을 둥둥 떠다닐 수 있죠. 이런 상태를 보통 무중력이라고 말하는데, 정확하게는 중력을 느끼지 못하는 상태인 거예요.

물론 우주 어느 곳인가에는 주변에 아무것도 보이지 않고 어떤 천체의 중력에도 영향을 거의 받지 않는 공간이 있을 거예요. 우리가 그곳에 도달하면 무중력을 경험하겠죠. 하지만 이 경우도 중력이 0이 되는 것은 아니어서, 중력이 아주아주 작은 '미소 중력 상태'라고 합니다. 아, 그리고 달은 무게가 지구의 6분의 1이라 중력도 6분의 1이에요. 인류가 처음으로 달에 착륙한 1969년 7월 20일, 아폴로 우주선에서 달에 내린 우주 비행사들이 〈히프티 호프티〉 노래를 부르며 깡충깡충 토끼처럼 뛰어다닐 수 있었던 것은 '저중력 상태'여서 가능한 거예요.

면 우주로 나가는 것도 아니고 지구와 우주의 경계선까지만 올라가서 단 3분의 무중력상태를 경험하는 총 비행시간 11분의 우주여행. 어때요, 320억 원을 들일 만한가요? 하지만 아직 그 높이까지 올라간 지구인은 채 600명이 안 된다고 하니, 대단한 여행임에는 틀림없습니다.

이런 방식의 우주 비행을 저궤도[2] 비행, 또는 미사일 발사에 빗대어 '탄도비행'이라고 부르며, 국제우주정거장이나 인공위성과 같은 '궤도비행'과 구분한답니다. 궤도 비행에서는 무중력상태를 경험할 수 있을까요? 아쉽게도 카르만 라인보다 훨씬 높은, 지구에서 약 400킬로미터 떨어진 우주정거장에도 지구 중력이 13퍼센트 정도 작용하고 있어요. 그럼 우주정거장의 무중력상태는 어떻게 된 거냐고요? 우주정거장의 무중력상태도 자유낙하 덕분이에요. 지구 주위를 빙글빙글 잘 돌고 있는 우주정거장이 사실은 아래로 계속 추락하고 있는 상태라니 조금 이상하게 들리죠?

자유낙하를 하고 있는데도 땅에 떨어지지 않고 계속 일정한 높이를 유지할 수 있는 이유는 지구가 둥글기 때문입니다. 우리가 절벽에서 미끄러져 그만 아래로 아래로 떨어지고 있는데 떨어지는 거리만큼 땅이 계속 낮아진다면, 우리는 땅에 메다꽂히진 않겠죠? 이것과 비슷해요.

자유낙하를 하는 물체는 질량에 상관없이 무조건 1초에 약 5미터씩 떨어져요. 만약 어떤 물체를 수평 방향으로 일정한 속력으로 던지면, 수평 방향으로는 이 속도를 유지하며 계속 앞으로 나아가지만 수직 방향으로는 1초에 5미터씩 아래로 떨어지겠죠? 만약 지구가 평평하다면 이 물체는 땅에 닿을 거예요. 하지만 지구는 둥글어요. 얼마나 둥그냐 하면 이 물체가 수평 방향(지표면과 나란한 방향이 아니라)으로 1초 동안 8킬로미터 진행한 지점에서 지표면과의 높이차가 5미터예요. 그러니까 어떤 물체가 1초에 8킬로미터씩 수평 방향으로 전진하면 그때마다 5미터씩 떨어지는데, 지구가 딱 그만큼 둥글어서 여전히 처음 높이를 유지할 수 있죠.

국제우주정거장 ISS도 이와 같은 운동을 하고 있어요. 지구에서 400킬로미터 떨어진 높이에서 공기의 저항을 거의 받지 않으며 수평 방향으로 일정한 속도로 등속운동을 하고 있죠. 초속 8킬로미터 정도로요. 수직 방향으로는 1초에 5미터씩 계속 낙하하고 있지만, 지구가 둥글어서 충돌하지 않고 높이를 유지하면서요. 또, 그렇게 계속 자유낙하를 하고 있어 국제우주정거장 안은 무중력상태가 되는 것이고요.

우주로 날아가려니 이런저런 이야기를 많이 하게 되네요. 그런데 맛보기 우주여행이 아닌 본격 궤도 비행 관광 상품도 나왔어요. 일론 머스크의 민간 항공 우주 기업인 스페이스X는 2021년 9월, 민간인 네 명을 태우고 3일 동안이나 지구 주위를 돌고 다시 지구로 돌아오는 데 성공했어요. 스페이스X가 나사와 함께 개발한 팰컨 9 로켓을 사용해 우주선 크루드래건을 지구 위 575킬로미터 궤도에 올린 거예요. 팰컨 9 로켓은 액체연료인 등유를 사용하고 산화제로 액체산소를 사용한답니다. 우주정거장보다 높이 쏘아 올려진 우주선에서 여행자들은 냉동피자를 먹으며 TV 쇼도 보았는데, 그 티켓값은 약 600억 원이었다고 해요.

만남 하나, 새로운 미래를 앞당겨 줄 우주여행에 찬성합니다!

언젠가는 훈련받은 우주 비행사가 아니라 평범한 사람들도 큰 어려움 없이 우주로 가는 여행이 실현되리라 생각했는데, 머지않은 듯해요. 티켓 가격은 시장 규모가 커지면 점점 낮아지겠죠. 이야기꾼도 저축을 시작해야 할까 봐요. 그런데 조금 마음에 걸리는 부분이 있어요. 기후 위기 시대에는 비행기를 타고 해외에 나가는 일도 되도록 줄이고, 국제회의도 온라인으로 진행하려 하잖아요? 이산화탄소 배출을 줄이려고 비행기 연료도 수소로 대체하자는 이야기를 하는데, 우주 관광은 문제가 없을까요? 그래서 이야기꾼이 우주 관광 사업체 쪽에 있는 두 분의 이야기를 들어 보려 해요. 한 분은 민간인 우주 비행사를 선발하고 후원하는 프로젝트인 휴머니티 1 담당자이고, 또 다른 분은 로켓 개발 공학자입니다.

"안녕하십니까? 저는 휴머니티 1을 진행하며 민간 우주 비행사를 선발하는 일을 담당하고 있습니다. 우주 관광산업에 대해 이런저런 걱정을 이야기하는 과학자들이 있다고 해요. 물론 크게 걱정은 하지 않습니다. 뉴스에 보도되는 이야기들은 한두 명의 과학자들이 실험실 수준의 연구를 한 것뿐이라서요. 그래도 이 기회에 우주 관광산업이 우리 인류에게 가져다줄 막대한 이익에 대해 알려 드릴 필요가 있을 것 같아 이 자리에 나왔습니다. 우주 관광이 가져다주는 이점은 참 많습니다. 너무 많아서 몇 가지 영역으로 나누어 이야기하겠습니다.

첫 번째는 사회심리적 관점, 쉽게 말하면 마음과 관련된 부분입니다. 흔히 사업하는 사람들은 이익만을 생각한다는 편견을 가지고 있는 듯합니다. 하지만 우주 관광산업의 발전을 바라는 가장 중요한 이유 중 하나는 인류애의 회복, 공동체성의 회복이라고 말하고 싶습니다. 우주 관광산업은 사라져 가는 인류애를 회복시킬 수 있습니다. 사람들이 우주에 가면 무엇을 느낄까요? 우주에서 창밖으로 파란 지구를 바라보는 것은 말 그대로 경이 그 자체일 것입니다. 그 순간 우리는 다시 겸손해지고 스스로를 낮추고 지구를 소중하게 가꾸어야 한다는 생각을 하게 됩니다.

뿐만 아니라 인류애도 생깁니다. 우주에서 지구를 보면 정말 작습니다. 저렇게 작은 행성에서 인류가 서로 종교가 다르다고 싸우고 하나라도 더 많이 갖겠다고 전쟁을 벌이고 있는 것입니다. 다들 우주에 다녀와야 합니다. 그래야 가족뿐만 아니라 모든 인류에 애정이 생기고, 지금 우리가 겪고 있는 종교와 자원을 둘러싼 각종 전쟁과 분쟁에 좀 더 관대한 마음을 갖게 될 것입니다. 인류를 달에 보낸 아폴로 프로젝트의 가장 큰 성과 중 하나는 우주에서 지구를 본 것입니다. 아폴로 8호의 우주 비행사 빌 앤더스는 임무에도 없는 사진 한 장을 찍습니다. 그리고 그 사진은 오늘날 지구에 대한 우리의 생각을 바꾸어 놓았습니다.

거친 달의 황무지 같은 지평선 위로 지구가 떠오릅니다. 광활한 우주의 삭막함과 절대 고독의 그 순간에 행성 지구가 희망처럼 떠오릅니다. 고요하게, 그러나 살아 움직이는 대기의 움직임, 그리고 바다의 파란빛은 생명이라는 이름의 빛을 발하는 보석 그 자체입니다. 지구는 길을 잃어버리고 방황하는 어둠의 심연에 떠오른 등대 같습니다. 그런 감정을 느껴 본 사람이 지구 환경을 파괴하는 일을 할 수 있을까요? 불가능하죠.

지구 돋이(Earth Rising)라고 이름 붙은 이 사진 한 장이 환경운동을 이끌어 냈습니다. 달의 지평선에 솟아오른 작고 푸른 지구, 그것은 너무 연약해서 쉽게 부서질 것 같은 우리의 고향입니다. 모두, 특히나 정치인들과 분쟁 지역의 군인들이 우주 관광을 하고 최소한 카르만 라인까지라도 올라가야 합니다. 올라가서 그들이 등을 돌리고 총을 쏘아 대고 있는 우리 고향 행성의 모습을 보아야 합니다. 분명 그들은 달라질 것입니다.

음, 제가 너무 감상적이었나요? 현실에서 우주 관광산업은 더 빛납니다. 바로 경제적인 영역에 관한 이야기입니다. 우주 관광은 관련 있는 여러 산업들을 발전시킬 수 있는 고부가가치의 최첨단 산업입니다. 당장 고효율 엔진의 개발, 친환경 에너지원에 대한 연구, 비행선을 제작하는 과정에 필요한 여러 기계 장치뿐만 아니라 각종 재료 공학의 발전 등 이루 헤아릴 수 없는 관련 산업들이 침체기에 빠져들고 있는 세계경제를 이끌어

갈 것입니다. 벌써 정부나 국가 연구 기관의 투자가 아니라 순수 민간 차원의 투자가 무려 90억 달러(약 11조 원)에 이르고 있습니다.

우주산업의 발전은 고급 엔지니어들의 일자리까지 만들어 내는 효과가 있습니다. 바야흐로 민간 우주산업은 급격한 성장기를 맞이하고 있습니다. 지금은 비록 회사가 세 개뿐이지만, 곧 중국, 인도, 러시아 등의 나라에서도 이 시장에 뛰어들 것입니다. 앞으로 시장은 엄청난 규모로 확대될 것입니다. 블루오리진의 첫 출항 비행 티켓 경매에 159개국에서 입찰자가 나왔습니다. 전 세계 모두가 기다리는 산업이라는 증거입니다. 새로운 공장이 생기고 일자리가 생기고 파생되는 여러 산업들이 차례차례 자리를 잡으며 세계경제가 도약할 것입니다.

또, 우주 관광산업은 현재의 경제성장뿐 아니라 탄탄한 미래를 준비하는 시금석이 될 것입니다. 우주산업에서 파생되는 기술이 얼마나 많을지 생각해 보십시오. 그리고 그 기술은 언젠가는 개발해야 하는 것들입니다. 지금은 우주여행 1세대로 준궤도 비행을 하고 있지만, 10세대쯤 되면 아마 우리는 여행 가방을 싸서 우주의 여러 정거장에 서 있을 것입니다. 시간 맞춰 도착할 우주 비행선에 탑승하려고 말이죠. 일부는 관광이 아니라 달이나 화성의 희귀 광물자원을 수출입하는 등 비즈니스 여행을 하겠죠.

우리의 궁극적인 목표는 달과 화성, 그리고 우주의 또 다른 행성계 탐험일 것입니다. 그러기 위해 우주정거장을 중간 기점으로 삼을 수 있습니다. 일부에서 이야기하듯 우리는 문제가 산적한 지구를 탈출하려는 게 아닙니다. 미래 세대를 위해 지구의 문제를 해결하러 우주로 가는 길을 개척하려는 것입니다.

물론 반대 여론도 있습니다. 경제적으로 부유한 소수만을 위한 관광 상품이 사회적 불평등을 더 심화한다는 거죠. 인정합니다. 하지만 일시적인 현상입니다. 비행기를 이용한 해외여행을 볼까요? 처음에는 비행기표 가격이 지금처럼 저렴하지 않았습니다. 하지만 보십시오. 시장이 커지고 경쟁 업체들이 등장하면서 저가 항공기 라인도 등장했습니다. 짧은 거리의 비행기 여행에는 고속철도를 이용하는 가격 정도밖에 안 되는 상품들이 등장했습니다. 우주 관광 상품도 반드시 그렇게 될 것입니다. 그러려면 일단 시작을 해야 하지 않겠습니까? 기술 발전과 시장 확대는 비행기표 가격과 그리 큰 차이 없는 우주 관광 티켓을 만들어 낼 것입니다. 그러니 지금은 과도기로 어쩔 수 없는 상황이라는 것을 이해해 주어야 합니다."

마치 웅변을 듣는 것 같았죠? 인류애 부분의 설명이 참 마음에 와닿습니다. 물론 침체기의 경제를 회복하고 다시 한번 새로운 비약적 발전을 이룰 것이라는 부분도 매력적이네요. 바로 이어서 로켓 엔지니어의 이야기를 들어 볼까요? 우주 관광을 반대하는 여론 중 많은 부분이 환경오염이나 지구 기후를 악화시킨다는 의견들이었는데 어떤 이야기일까요?

"저는 로켓 공학에서 주로 연료 분야를 연구하는 공학자입니다. 로켓이 날아가는 원리를 설명해 드려도 될까요? 로켓의 연료나 구조를 이해하려면 원리를 알아야 하거든요. 네, 그럼 짧게, 가능한 쉽게 설명해 보겠습니다.

풍선에 공기를 넣은 다음 입구를 잡고 있다가 놓으면 공기가 풍선 밖으로 빠져나가면서 풍선이 날아가죠. 이유가 뭘까요? 주변의 공기가 풍선을 밀어서입니다. 풍선 안에 있던 공기가 빠지면서 주변의 공기를 밀면, 똑같은 크기의 힘으로 주변 공기가 풍선을 밀게 되는 거죠. 들어 보셨죠? 작용 반작용이라고 뉴턴이 정리한 법칙입니다. 이렇게 로켓이 날아가는 힘을 추력이라고 부릅니다. 로켓이 잘 날려면 일단 큰 힘으로 공기나 지표를 밀어 내야 합니다. 그래서 연료를 연소해 순간적으로 많은 양의 가스를 작은 구멍 형태의 노즐을 통해 내보냅니다. 쿠아아앙!

이렇게 로켓이 힘차게 하늘로 올라가게 됩니다."

엔지니어는 "쿠아아앙!" 소리를 내며 로켓이 날아가듯 손을 위로 서서히 올렸어요.

"자동차도 사용하는 연료의 종류가 다양하죠. 휘발유, 디젤, LPG는 물론이고 고전압 배터리로 모터에 전기를 공급받거나 하이브리드 시스템으로 전기와 휘발유를 함께 이용하기도 하죠. 로켓엔진도 자동차엔진과 큰 차이가 없습니다. 단지 지상을 달리는 자동차는 지상의 공기를 이용하므로 연료를 충분히 연소를 할 수 있어서 연료만 주입하면 되지만, 공기가 희박한 상층대기를 날아가는 로켓의 경우에는 산소나 아산화질소같이 불이 붙는 데 필요한 산화제를 함께 가지고 가야 합니다.

로켓은 고체연료를 사용하는 것, 액체연료를 사용하는 것, 고체연료에 액체 산화제를 사용하는 하이브리드 방식이 있습니다. 고체연료는 어떤 물질을 어떻게 혼합하느냐에 따라 안정성과 추력이 달라지기 때문에 다양한 재료들이 사용되고 있어요. 빠른 연소를 위해 알루미늄 분말을 혼합해 사용하기도 하죠. 또, 고체연료는 처음부터 산화제를 함께 섞어서 연료를 만듭니다. 그래서 고체연료는 한번 불이 붙으면 연료가 다 타 버릴 때까지 그냥 날아갑니다. 연료 통 자체가 바로 엔진인 셈이죠. 로켓 중에서 가장 구조가 간단해서 비교적 저렴한 가격으로 제작할 수 있고 연료를 관리하기도 쉽죠.

반면, 액체연료를 사용하는 로켓은 내부에 산화제가 든 통과 연료가 든 통이 따로 있어야 합니다. 로켓은 이 두 액체를 강한 압력으로 밀어 내 연료실로 보냅니다. 연료실에서 연소하며 생긴 고온·고압의 기체가 작은 구멍의 노즐을 빠져나가며 추력을 만들어 내죠. 이런 로켓은 연료로 액체수소나 등유를, 산화제로 액체산소를 사용합니다. 한국의 발사체인 누리호도 등유와 액체산소를 사용하죠. 최근에는 메테인을 연료로 사용하기 위한 연구도 진행하고 있습니다.

현재 우주 관광 사업을 시작한 대표적인 세 개 회사는 모두 다른 연료를 사용하고 있습니다. 어떤 연료를 사용하느냐에 따라 배출되는 가스가 다르겠지만, 대체로 수증기, 이산화탄소, 그을음입니다. 블루오리진의 경우 액체수소와 액체산소를 사용하고 있습니다. 두 물질이 연소하면 수소와 산소가 결합하면서 수증기가 만들어집니다. 대기오염을 일으키는 물질이 전혀 아니에요.

그러니 블루오리진이 연간 400회가 아니라 1000번을 비행해도 지구 대기에 문제를 일으킬 일은 없지 않을까요?

스페이스X는 등유(케로신)[3]와 액체산소를 사용하고, 배출되는 물질은 주로 이산화탄소와 그을음입니다. 버진갤럭틱의 경우 고체 탄소를 사용하고 산화제로 액체 아산화질소를 사용하는 하이브리드 방식인데, 이 로켓도

이산화탄소와 그을음이 발생하죠.

물론 이산화탄소나 블랙 카본으로 불리는 그을음의 경우 지구 기온을 올리는 역할을 합니다. 하지만 로켓 운항으로 발생하는 온실가스는 항공기가 배출하는 양[4]과 비교하면 거의 없다고 봐도 될 정도입니다. 2020년, 전 세계에서 114회의 로켓 발사가 있었습니다. 하지만 항공 산업은 매년이 아니라 매일 평균 10만여 편을 운항하고 있습니다. 그러니 우주 관광을 위한 로켓 발사로 발생하는 온실가스는 항공 산업과 비교해 기후변화에 거의 영향을 주지 않는다고 봐도 됩니다.

고체연료를 사용하는 로켓의 경우 배기가스로 산화알루미늄이 발생하기도 하는데, 이 산화알루미늄은 백색의 입자로 태양 복사에너지를 반사해 오히려 지구 온도를 낮추는 데 기여합니다. 지구 공학에는 산화알루미늄처럼 태양 복사에너지를 반사하는 입자를 성층권에 다량 뿌려서 지구의 온도를 낮추는 기술을 연구하는 분야도 있습니다. 음, 그러니까 로켓 발사가 기후변화를 일으킨다는 것은 무리한 주장이라고 생각합니다. 물론 앞으로 더 친환경적인 연료를 개발해야겠죠. 그러기 위해서라도 우주 관광산업 시장이 확대되고 투자가 이루어져야 하는 게 아니겠습니까?"

이야기꾼입니다. 앞선 분들의 이야기를 들으니 마음이 놓이는 듯합니다. 하지만 균형을 잘 잡아야겠죠? 반대쪽의 입장은 어떤지, 지구의 대기를 연구한 기후 과학자의 이야기를 들어 보겠습니다.

"흠흠, 저는 우주산업이나 이런 것은 잘 알지 못합니다만, 기후 과학자로서 기존에 발표된 연구 논문들을 근거로 이야기를 하려 합니다. 아, 한 가지 밝혀 둘 것은 이 연구들은 우주 관광산업에 대한 직접적인 연구가 아니라는 점입니다. 연구는 주로 인공위성이나 화물 로켓 운항이 대기에 어떤 영향을 주는지에 관한 것들입니다. 지금 지구궤도에는 식별 가능한 인공적인 물체가 2만 개 이상 떠다니고 있습니다. 그중 활동 중인 인공위성만 해도 3000대[5] 가까이 됩니다. 게다가 얼마 전 스페이스X의 스타링크 프로젝트[6]로 약 2000대의 인공위성이 궤도에 띄워졌습니다.

우선 2014년에 발표된 동료 과학자들의 연구 논문입니다. 이 분들은 로켓에서 배출되는 작은 입자들이 기후와 오존에 끼치는 영향을 연구했습니다. 음, 로켓엔진은 그을음, 그러니까 블랙

카본과 산화알루미늄 입자를 성층권으로 직접 방출합니다. 연료가 불완전연소를 하면 그을음이 많이 생깁니다. 양초를 생각하면 이해가 쉬울 거예요. 로켓에서도 그런 그을음이 발생합니다. 로켓은 제트엔진 비행기와 비교해 그을음을 약 100배 더 방출한다는 데이터가 있습니다. 계산에 따르면, 2018년 액체수소와 액체산소를 사용하는 로켓을 제외하고도 약 225톤의 그을음을 성층권에 방출했고, 고체연료를 사용하는 로켓은 약 1400톤의 백색 산화알루미늄 입자를 성층권으로 방출했다고 합니다.[7]

그런데 그을음이나 산화알루미늄은 워낙 입자가 작아서 중력의 영향을 거의 받지 않죠. 그렇다 보니 성층권에서 3~4년 동안 머무르면서 계속 축적이 될 것 같습니다. 백색 산화알루미늄 입자는 태양복사를 반사하므로 알베도[8]를 약간 증가시킬 것으로 보이고요. 성층권에서 알베도가 증가하면 대류권에 들어가는 태양에너지도 줄어들겠죠. 반대로 그을음은 검은색입니다. 그래서 태양 복사에너지를 흡수할 것 같습니다. 이 경우 지구의 알베도를 약간 감소시키겠죠. 그러니까 로켓이 지구온난화를 완화한다고 결론 내릴 수는 없을 듯합니다. 로켓이 배출하는 입자가 지구 온도를 올리기도 하고 낮추기도 하니 결과적으로 큰 영향이 없다고 생각하기 쉬운데, 문제는 그렇게 단순하지 않습니다.

왜냐하면 음, 지구는 생각처럼 그렇게 단순하지 않아요. 많은 것들이 연결되어 있고, 어떤 연결은 영향을 강화하기도 하고, 또 어떤 연결은 효과를 상쇄해 영향을 감소시키기도 하죠. 연구에 따르면, 지구의 성층권에 이런 입자들이 들어가게 되면 복잡한 방식으로 반응을 하면서 일부 지역은 더 따뜻해지고 또 다른 지역은 더 시원해질 수 있다고 합니다. 대기 상층, 그러니까 성층권의 반응을 컴퓨터 프로그래밍으로 모델을 만들어 좀 더 연구해야 더 명확해질 것 같습니다만, 로켓 산업이 이렇게까지 발전할 것이라고 예상을 못 했고, 그래서, 흠흠, 과학계의 연구는 솔직히 아직 많이 부족합니다.

하지만 분명하게 이야기할 수 있는 건 로켓이 우리가 그동안 온실가스를 배출해 온 곳이 아니라 전혀 경험이 없는 곳에 온실가스와 입자들을 배출하고 있다는 점이죠. 어떤 영향이 어떤 결론으로 이어질지 현재로선 불확실합니다. 음, 성층권은 너무나 안정적인 곳입니다. 위로 올라갈수록 기온이 점점 높아지는 권역이라서 그렇죠. 온도가 높으면 밀도가 작아서 위에 있으려고 하고, 반대로 온도가 낮으면 밀도가 커서 아래에 머무르려고 합니다. 그래서 성층권은 안정적이 되어 대류가 일어나지 않고, 수증기가 없어 비가 내리지도 않고요. 지표 근처의 대류권에서는 비와 바람이 로켓에서 배출된 물질을 씻어 낼 거예요. 그러나 성층권에서는 앞서 말한 대로 거의 3~10년 가까이 로켓에서 방출된 물질들이 안정적으로 머물며 지구 기온에 영향을 줄 수도 있습니다.

흠흠, 그을음에 대한 또 다른 연구도 있습니다. 연구원들이 지표상의 특정 지역에서 연간 약 600톤의 그을음 입자를 주입하는 컴퓨터 모델을 만들었습니다. 그리고 시뮬레이션을 돌려 본 결과, 성층권에 그을음층이 형성되는 것을 관찰했다고 합니다. 이 그을음의 80퍼센트 정도는 북위 25~45도 사이로 퍼져 나갔다고 합니다. 그을음층으로 인해 열대와 아열대 지역 온도가 약 0.4도 감소한 반면, 극지방 온도는 0.2~1도 증가했다고 하고요.

음, 정확한 세부 사항은 추가 모델을 통해 개선되어야 합니다만, 현재까지의 연구로는 지구 기온에 영향을 준다는 게 신뢰할 만한 수준으로 밝혀진 듯합니다. 또 그을음이 오존층에도 영향을 주어 성층권 오존층의 오존을 감소시키는 것도 시뮬레이션 결과 확인됐다고 해요. 그을음층 때문에 열대 및 아열대 지역에서 최대 1.7퍼센트의 오존이 감소하고 극지방에서는 5~6퍼센트 증가했다고요.

연구자들이 특히 강조한 부분은 현재 로켓 산업의 발전 속도였습니다. 앞으로 로켓 배기가스 배출량이 빠른 속도로 증가해 성층권에 지속적으로 누적될 것이라는 거죠.

흠흠, 과거에는 이산화탄소가 문제를 일으키지 않다가 지속적으로 누적되면서 현재 급격한 변화를 일으키고 있는 것과 마찬가지 상황으로 이해하시면 될 것 같네요. 로켓 운항으로 성층권에서 벌어지는 오염의 영향은 앞으로 몇 년이나 몇십 년 뒤의 일이라고 말할 수 있을 듯합니다. 발표 내용 중에는 극지의 제트기류를 교란해 겨울 폭풍 형태를 변화시키거나 혹은 강우량에도 영향을 주지 않는다고는, 에, 또 말할 수 없다는 발표도 있었습니다.

마지막으로 하나만 더 짚고 넘어가겠습니다. 음, 현재 블루오리진에서 연료로 쓰는 액체수소와 액체산소는 아무런 문제가 되지 않는다는 말씀들을 하고 있죠. 그런데 그렇지 않은 듯합니다. 수소와 산소의 연소로 발생하는 수증기량이 많아진다면 성층권에 영향을 줄 수도 있습니다. 수증기는 지구에서 지구온난화에 큰 영향을 주는 기체입니다. 그러니 로켓이 발생시킨 수증기도 성층권의 온도를 올릴 수 있습니다. 또 이 수증기가 햇빛과 반응해 오존을 파괴할 수도 있습니다. 좀 더 자세하게 설명해 보겠습니다.

로켓의 액체연료로 수소와 산소를 사용할 때, 수소의 비율을 높여서 사용합니다. 그래서 배출 가스에는 수증기 이외에 수소나 수소산화물이 생깁니다. 이들이 촉매 역할을 해서 오존을 파괴할 수도 있습니다. 또 엔진이 과열되면 대기의 일부 구간에서는 질소산화물도 만들어질 수 있습니다. 이 질소산화물도 오존을 파괴하는 촉매 역할을 한다고 알려져 있죠.

네? 왜 자꾸 확실하게 말하지 않고 '그렇지 않다고 말할 수 있을 듯하다.', '그럴 수 있을 것 같다고 볼 수 있다.'라는 식으로 전부 추측해 말을 하냐고요? 음, 저도 100퍼센트 '그렇습니다.', '그렇지 않습니다.'라고 분명하게 말하고 싶지만, 어떤 과학자도 과학적 연구 결과에 대해 100퍼센트 결정적인 말을 할 수는 없을 것입니다. 특히나 대기와 같이 다양한 요인이 영향을 주는 경우에는 더더욱 그럴 수밖에 없죠.

네, 흠흠, 그렇죠. 변수가 많다는 것은 100퍼센트 확실하지 않다는 뜻이고, 큰 해를 가하지 않는다고 볼 수도 있겠지만 똑같은 의미에서 반대로 큰 해가 될 수도 있다는 뜻이니까요. 하지만 앞으로 더 많은 데이터를 수집하고 거기에 맞추어 컴퓨터 모델을 더욱 정교하게 만든다면 100퍼센트는 아니어도 상당히 신뢰할 만한 확률로 말할 수도 있을 것 같습니다."

이야기꾼입니다. 과학자들과 이야기할 때는 항상 여러 가능성을 열어 두는 대화에 익숙해져야 하겠네요. IPCC 보고서를 읽어 봐도 "입니다."는 없고, "극히 높은 신뢰성, 높은 신뢰성, 보통 신뢰성, 낮은 신뢰성, 극히 낮은 신뢰성"이라고 표현을 하거든요. 데이터가 부정확하거나 그 데이터가 어떤 현상을 대표할 수 없는 경우도 있고, 또는 원인에 따른 결과를 예측하는 모델이나 개념 자체가 불완전한 경우도 있죠. 과학자가 어떤 편향, 편견을 가질 수도 있고요. 또, 연구하는 대상 자체가 예측 불가능할 수도 있겠죠. 과학자들은 이런 불확실한 상황을 있는 그대로 전달하려 노력해요. 하지만 정치인들이나 기자들의 말은 다르죠. 과학자들이 "그런 일이 일어날 수 있다."라고 말해도 기자들이 뉴스로 "그 일은 일어난다."라고 보도하고, 정치인들은" 그 일은 반드시 일어난다."라며 좀 더 극적인 포장과 과장을 하는 것처럼 말이에요.

만남 셋, 우주 덕후가 들려주는 기후 위기

성층권의 오염이나 지구 기후에 주는 영향 이외에 우주여행에 대한 다른 걱정은 없을까요? 이야기꾼이 이번에는 민간단체인 미국의 우주탐사 비영리단체 행성협회(Planetary Society)에 계신 분을 만나 볼게요. 과학자는 아니지만 우주탐사에 관심이 많은 사람들의 모임, 그러니까 우주 덕후들의 모임이에요.

"안녕하세요. 행성협회 회원 앨런입니다. 2021년은 우주 항공 분야에서 엄청난 일이 많이 일어났죠. 2021년 7월 버진갤럭틱사가 개발한 우주선이 고도 86킬로미터를 넘어 첫 민간 우주여행을 했고, 그 뒤를 이어 블루오리진도 7월과 10월에 대기권과 우주 경계인 카르마 라인을 오가는 준궤도 우주 관광을 두 차례 했어요. 그리고 9월에는 일론 머스크의 스페이스X사 우주선인 크루드래건이 민간인 네 명을 싣고 사흘간 우주여행을 했고요. 크루드래건은 국제우주정거장보다 더 높은 고도인 575킬로미터로 비행했죠.

제가 생각했던 것보다 기술 발전 속도가 빠르더라고요. 그래서 이러한 우주 항공 기술의 발전이 기후에 끼치는 영향에 대한 연구가 더 시급한 것 같아요. 물론 현재는 우주 항공 분야에서 사용하는 화석연료의 양이 비행기가 사용하는 양의 약 1퍼센트에 불과해요. 하지만 이런 속도로 발전하면 연료량도 금방 늘겠죠.

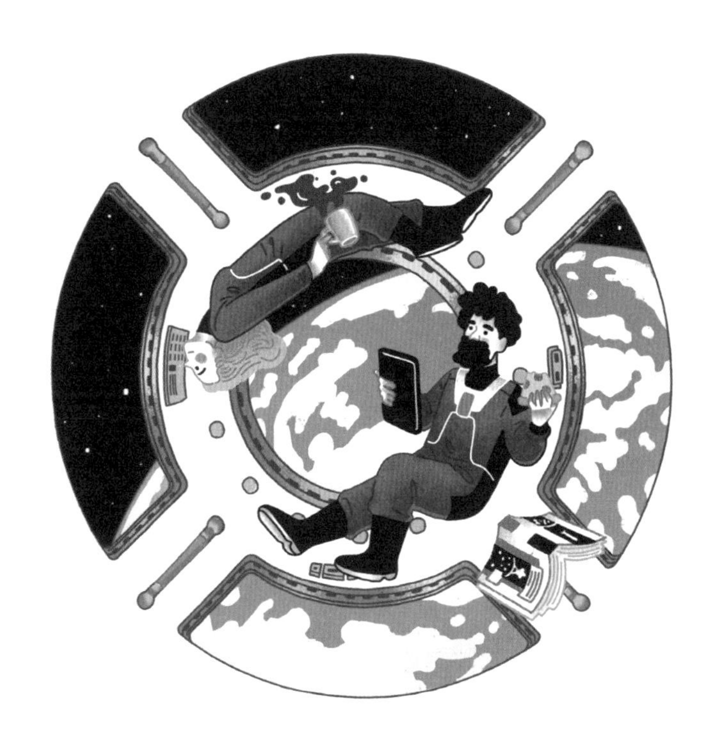

제 생각에 우주 관광 시장은 이미 확대되고 과열되어 있어요. 이전의 연구에서는 우주선이 지구 기후나 오존층 파괴에 큰 영향을 주지 않는다고 보았어요. 하지만 버진갤럭틱을 비롯한 민간 우주 관광산업을 주도하는 회사에서 운행 횟수를 매년 수백 회로 확대할 계획이라고 말하고 있어요. 물론 이런 우주 관광용 우주선만 있는 건 아니에요. 인공위성 발사 횟수도 증가하고 있죠. 스페이스X사는 벌써 1700대나 되는 인공위성을 궤도에 올려놓았고, 앞으로 총 5만 5000여 대의 인공위성을 쏘아 올린다고 해요. 이 정도 속도면 다른 어떤 부문의 온실가스 증가량보다 훨씬 빠른 속도로 배출량이 증가하고 있는 거예요.

보통 우주산업 성장을 옹호하는 측에서는 비행기 운항과 로켓을 비교하길 좋아해요. 로켓의 비행 횟수가 늘어 연간 400회 정도 운항을 한다 해도 매일 10만 편 이상 운항하는 비행기보다는 매우 적은 수치니까요.

그런데 이것을 1인당 배출량으로 환산해 보면 어떻게 될까요? 왜냐하면 우주 관광이란 과학적 목적을 위한, 전 인류를 위한 모험에 찬 우주탐사가 아니고 그저 개인적인 여가 활동이니까요. 장거리 비행기 한 대의 경우 승객 1인당 1~3톤의 이산화탄소가 발생해요. 반면에 로켓 발사를 하는 데에는 200~300톤의 이산화탄소가 네 명 정도의 승객에 의해 배출되죠. 1인당 50~75톤을 배출하는 거예요. 1인당 탄소 배출량이 다른 어떤 분야보다도 크죠? 우주 관광은 매머드급 탄소 배출을 하고 있어요. 기후 위기로 큰 피해를 입고 있는 빈곤국을 생각하면 너무 불공정해요.

나사(NASA)와 같은 국가기관이 과학 및 탐사 임무에 인간을 보내는 것은 전체 인류를 위한 우주탐사예요. 우주 비행사가 달에 착륙하고 화성에 로봇을 보내는 것은 모든 인류를 대신해 행해지는 일이죠. 그건 우주 비행사의 개인적인 이익을 위한 게 아니잖아요. 그런데 지금 시도되고 있는 것은 말 그대로 관광입니다. 기후 위기를 걱정하면서 우주 관광을 허용하는 건, 그것도 극소수의 사람들을 위해 허용하는 건 안 될 말이죠.

아, 그리고 우주 이야기를 하는 김에 친구의 부탁도 함께 전할게요. 제 친구는 천문대에서 망원경으로 천체를 관측하는 일을 하고 있어요. 한번은 하늘에 인공위성이 많아도 너무 많아서 저궤도에 있는 인공위성의 궤적을 만들어 촬영했다고 해요. 그러곤 직업을 바꾸어야 할지도 모르겠다고 푸념을 하더라고요. 사진을 보면 도대체 빈틈이라고는 찾아볼 수 없을 정도로 우주가 인공위성 궤적으로 꽉 차 있어요. 이래서는 정상적인 천체 관측이 어려워요.[9]

우주에서 인터넷망 서비스를 한다며 스페이스X사, 아마존, 중국, 영국, 인도 등에서 경쟁적으로 인공위성을 띄우려고 해요. 계획대로 진행되면 10년 안에 6만여 개의 인공위성이 지구의 저궤도를 돌게 되죠. 천문학자들과 스페이스X사 스타링크 프로젝트 담당자들이 여러 협의를 진행하고 있다고는 합니다만, 쉽지는 않은 상태인 듯해요. 게다가 상업적 이윤을 얻기 위해 경쟁적으로 우주로 진출하려는 움직임이 거대한 파도처럼 몰아치고 있는 상태잖아요.

인공위성의 불빛만 문제가 아니라 인공위성과 지구의 데이터 송수신 중에 일어나는 전파 소음이 전파망원경 관측에도 영향을 주는 상황이라고 해요. 천문대에서 일하는 친구가 직업을 바꾸어야겠다는 푸념을 할 만하죠?"

기후 위기 시대에 밤하늘을 바라본다는 것

이야기꾼입니다. 인류가 밤하늘의 별을 보며 품은 동경이 우주 항공 기술의 발전을 이끌어 냈습니다. 그런데 지금은 밤하늘의 별을 볼 수 없을지도 모른다는 걱정을 넘어 얇디얇은[10] 대기에 로켓이 뿜어내는 각종 물질로 모두의 미래가 점점 어두워지고 있는 듯하네요.

『코스모스』의 저자 칼 세이건 박사는 태양계 밖으로 향하던 보이저 탐사선의 방향을 지구로 돌려 우주 멀리서 우리 행성의 모습을 보기를 간절히 원했어요. 그리고 보이저호가 찍은 사진이 그에게 전송되었죠. 창백하고 푸른 점. 그는 우주에서 바라본 지구는 점, 하나의 창백하고 푸른 점에 불과하다는 깨달음을 세상 사람들과 나누려고 했어요.

저 점이 우리의 집이고, 우리 자신이고, 바로 여기 이곳이다. 사랑하는 이들과, 당신이 알고 있고 혹은 들어 보았던 이들, 뿐만 아니라 지나간 시간 속 과거의 사람들 모두가 이곳에서 삶을 영위했다. 우리의 모든 기쁨과 고통, 확신에 찬 수천의 종교, 이데올로기, 경제체제, 그리고 모든 사냥꾼과 수렵 채집인, 모든 영웅과 겁쟁이, 모든 문명의 창조자와 파괴자, 모든 왕과 농민, 모든 사랑에 빠진 젊은 부부, 모든 어머니와 아버지, 그리고 희망에 찬 아이, 또, 발명가와 탐험가, 도덕적 가르침을 주는 모든 스승들, 모든 부패한 정치가, 모든 '슈퍼스타', 모든 '최고 지도자', 인류라는 종의 역사 속의 모든 성인과 죄인. 그 모두가 햇빛에 떠도는 먼지 한 톨 같은 저곳에 있는 것이다.

칼 세이건, 창백한 푸른 점(Pale Blue Dot), WikipediA

인류의 우주에 대한 동경은 어쩌면 운명적인 건지도 몰라요. 태양이 만들어지고 지구가 생겨나고, 그리고 그 지구 위에 생명이 발생해 인류가 지구에 등장합니다. 이것이 가능했던 것은 어느 별의 죽음과 그 잔해가 제공한 원소들이 인류를 구성하고 있기 때문이죠. 그러니 마치 엄마를 그리워하고 태어난 고향을 그리워하듯 우주에 대한 그리움은 본능일지도 모릅니다. 300만 년 전 루시[11] 할머니 역시 아프리카 동쪽 어느 계곡에서 그녀의 눈에 담기는 별빛을 따라 집게손가락으로 밤하늘을 가리켰을지 모르죠. 그리고 분명한 것은 앞으로도 이곳 지구에서 밤하늘을 바라보고 집게손가락을 들어 별을 가리킬 사람들이 있으리라는 것입니다. 하지만 우주여행이나 우주 관광으로 지구가 곤경에 빠진다면, 그것은 우주에 대한 동경이 아니라 인간의 이기적인 욕망이겠지요.

듣고 말하고 생각 정하기

이야기꾼입니다. 다음은 내 생각을 정리하고 내 입장을 결정하는 데 도움이 될 질문들입니다. 미래 세대인 우리가 어떤 마음가짐으로 어떻게 행동해야 할지 함께 답을 찾아봅시다.

- 우주과학 연구 및 탐사와 우주여행은 어떤 점에서 다를까?
- 기후 위기 시대에 상업적 우주 관광을 제한 없이 허용해도 될까?
- "기후 위기로는 '내일' 죽지만 직장을 잃으면 '오늘' 죽는다."라는 말이 있다. 탄소 배출량을 줄이는 것이 경제성장과 새로운 기술 개발을 방해한다고 볼 수 있을까? 산업 발전과 기후 위기 대응은 공존할 수 없을까? 그렇게 생각하는 이유는?
- 기후 위기 시대 경제성장에서 중요하게 지켜져야 할 원칙은 무엇일까?

끝나지 않은 이야기

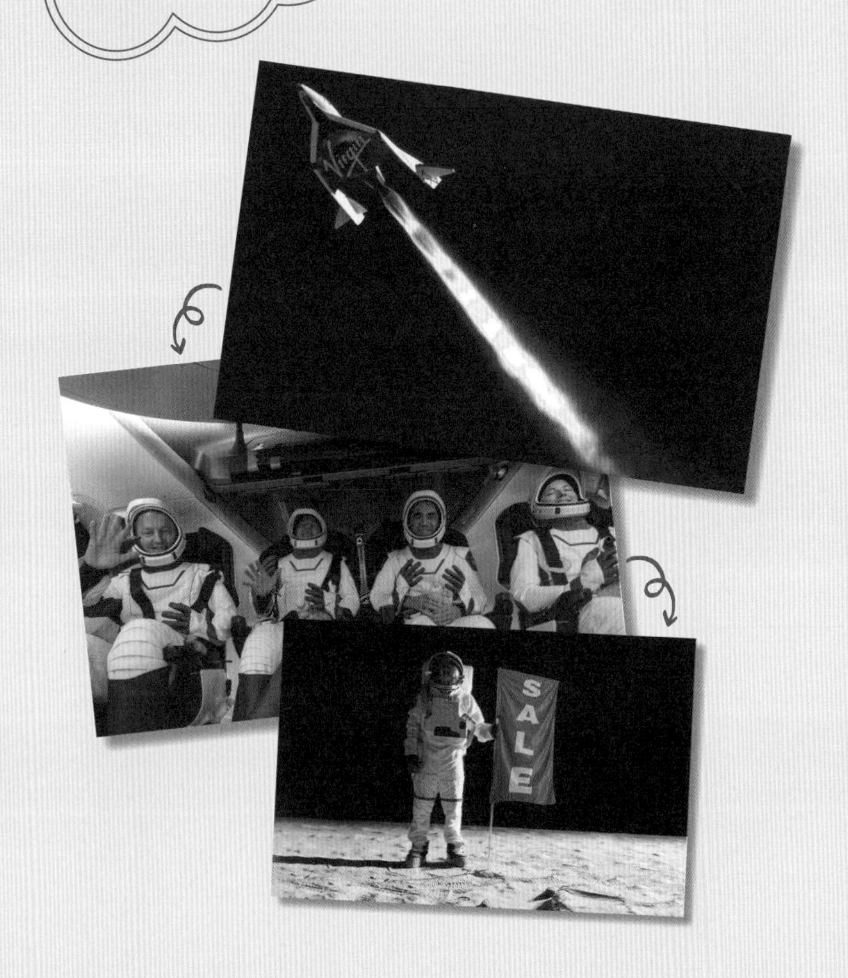

1) 지구와 우주의 경계, 카르만 라인

지구와 우주의 경계(Edge of Space)가 과학적으로 명확히 정해져 있는 것은 아니에요. 하지만 국제적으로 함께 사용할 수 있는 기준이 필요해서 이 기준을 정한 헝가리계 미국인 공학자이자 물리학자인 시어도어 폰 카르만(Theodore von Kármán)의 이름을 따서 정했죠. 우리가 흔히 알고 있는 대기권은 지표에서부터 대류권, 성층권, 중간권, 열권으로 구분하지요. 카르만 라인은 중간권보다 조금 높은 84~100킬로미터에 위치하고 있어요.

이 높이가 되면 일반적인 비행기는 운항할 수 없어요. 왜냐하면 비행기는 공기가 떠받치는 힘, 즉 양력에 의해 날아가므로 일정한 밀도의 공기가 없으면 비행이 불가능한데, 카르만 라인을 경계로 공기의 밀도가 급격하게 줄어들기 때문이에요. 즉, 카르만 라인이 우주와 지구를 나누는 기준은 비행기를 떠받치는 힘인 양력이 작용하는 곳과 그렇지 않은 곳이죠.

왜 카르만 라인을 넘으면 공기가 희박해지는 것일까요? 중력도 아주 약간(3퍼센트 정도) 줄어들긴 하지만, 더 큰 이유는 카르만 라인을 경계로 공기를 이루는 여러 기체들이 잘 섞인 곳과 그렇지 못한 곳이 나뉘기 때문입니다. 만약 공기가 섞이지 않는다면 높이 올라갈수록 우리는 무게가 다른 공기들을 차례차례 만나게 될 거예요. 카르만 라인 아래까지는 공기를 이루고 있는 성분의 조성이 거의 같아요. 공기 입자들이 충돌하며 서로서로 잘 섞여서 그렇답니다.

---

2) 저궤도

지구 저궤도(LEO, Low Earth Orbit)는 지구에서 고도 2000킬로미터까지의 카르만 라인 근처를 말해요. 인공위성은 저궤도 600~800킬로미터 부근에 가장 많이 몰려 있는데, 이보다 낮은 200~300킬로미터 영역을 따로 초저궤도라고 불러요.

3) 비행기와 우주선의 화석연료

석유의 한 종류인 케로신은 등유의 또 다른 이름이에요. 등유는 옛날부터 등잔불을 켜는 데 사용해 왔어요. 등잔불로 사용할 수 있을 정도로 휘발성이 적어서 연료로 사용하기 좋죠.

4) 비행기가 남기는 탄소 발자국

항공 산업에서 발생되는 양은 전체 배출되는 온실가스의 2.4퍼센트 정도라고 해요. 유럽환경청(EEA)에 의하면 승객 1인당 1킬로미터를 운행했을 때 배출하는 이산화탄소의 양은 기차 14그램, 일반 승용차 55그램, 버스 68그램이고 비행기는 285그램이에요. 아직 우주탐사에 따른 탄소 배출량의 정확한 통계는 없습니다.

5) 하늘을 점령한 인공 물체들과 우주 쓰레기

유엔 우주업무사무소(OOSA)에 따르면, 2020년 11월 현재 1만 93대의 인공위성이 지구궤도에 등록되어 있다고 해요. 미국의 비영리 과학 시민 단체 참여과학자연대(Union of Concerned Scientists)도 하늘에 떠 있는 인공적인 물체가 2만 대 이상이며, 그중 실제로 활동하는 것은 2020년 7월 기준으로 2787대라고 발표했어요. 그러니까 2만 대 중 대부분은 이미 수명을 다해서 활동을 멈춘 인공위성이나 로켓 잔해들이에요. 우주 쓰레기 문제가 심각합니다.

6) 스타링크, 인공위성으로 인터넷을?

스페이스X는 스타링크라는 프로젝트를 진행 중인데, 저궤도에 인공위성 4만 2000대(이는 맨 처음 발표할 때 수치로, 발표할 때마다 점점 늘어나고 있어요)를 올려서 지구 전역, 그러니까 깊은 산골이나 오지에서도 기가급 속도로 터지는 인터넷망 서비스를 제공할 계획이라고 해요. 인공위성은 재사용 가능한 팰컨 9 로켓에 실어서 보내는데, 4만 2000번 발사하는 게 아니라 한꺼번에 400개씩 싣고 궤도에 띄운다고 하죠. 벌써 1000개 이상의 인공위성을 올려 보냈는데, 현재는 한 번에 60개의 위성을 발사하고 있다고 해요.
일론 머스크는 정말 화성에 갈 것 같지 않나요? 화성에 가려고 로켓의 연료를 등유가 아닌 메테인으로 바꾸는 연구를 하는 중이라고 해요. 화성은 거리가 멀어서 왕복 연료를 다 싣고 갈 수가 없거든요. 그래서 돌아올 때는 화성에서 메테인을 생산해서 온다는 계획이죠. 과거에 과학기술은 세계대전을 치르며 엄청난 발전을 했는데, 이제는 야심 찬 기업가들이 과학기술을 끌어당기고 있어요.

7) 로켓의 연료

고체연료를 사용하는 로켓의 경우 엔진의 힘을 증가시키기 위해 일정량의 알루미늄 분말을 사용해서 산화알루미늄 입자가 발생합니다. 세 개 회사의 로켓은 액체연료를 사용하고 있어요. 그래서 알루미늄 분말은 사용하지 않는다고 하죠. 고체연료는 온도를 극저온으로 보관해야 하는 까다로움도 적고, 폭발 위험 등도 적어서 비교적 쉽게 사용할 수 있어요. 그러니 당연히 제작 비용도 훨씬 싸겠죠. 액체연료 로켓의 10분의 1 정도밖에 되지 않는다고 합니다. 하지만 한번 불이 붙어서 타들어 가면 화력을 조절하기가 쉽지 않겠지요. 또, 액체연료는 노즐을 이용해서 분사하는 양을 쉽게 조절할 수 있어서 엔진에서 나오는 추진력의 세기를 조절할 수 있을 거예요. 최근 로켓의 액체연료로 많이 사용하는 것은 등유와 수소이고, 메테인에 대한 연구도 진행 중입니다.

8) 지구의 빛 반사율

지구의 알베도(albedo)는 태양 복사에너지의 반사율을 이야기합니다. 만약 태양에서 100만큼의 에너지가 들어오면 이 중 30은 지표나 구름이나 대기의 산란을 통해 그대로 반사됩니다. 이렇게 흡수되지 않고 반사가 되는 정도를 알베도라고 하죠. 빙하는 알베도가 높아서 태양 복사에너지를 많이 반사하죠. 그런데 기온이 올라가 빙하가 녹게 되면 태양 복사에너지를 충분히 반사하지 못해 또 기온이 더 올라간답니다.

9) 별 디딜 틈 없는 밤하늘의 빛 공해

영국 왕립천문학회 월간 보고서에 발표된 논문에 따르면, 현재 밤하늘의 밝기는 자연적인 밝기보다 10퍼센트 정도 더 높아져 있다고 해요. 인공위성이나 로켓 잔해 등이 태양 빛을 반사하기 때문이죠. 국제천문연맹이 1979년에 정한 규정에 따르면, 천문대는 빛 공해가 자연 밝기의 10퍼센트 미만인 지역에만 건설할 수 있다고 되어 있어요. 게다가 망원경을 이용해 천체를 관측할 때는 카메라의 셔터를 여는 노출 시간을 길게 해야 해요. 그렇게 찍은 사진을 보면 아주 먼 곳에 있는 별들은 가만히 있지만 하루에도 몇 바퀴씩 지구를 돌고 있는 인공위성은 긴 궤적을 그리며 밤하늘을 조각보처럼 만들어 버리죠.

10) 지구를 감싼 얇은 막

지구를 덮고 있는 대기층의 두께는 얼마나 될까요? 지구 대기의 90퍼센트와 수증기의 99퍼센트는 지상에서 10킬로미터 범위의 대류권에 모여 있어요. 80킬로미터 이상 올라가면 공기가 거의 없는 열권이 시작돼요. 이곳이 우주의 경계인 카르만 라인 부근이죠. 지구 전체 부피와 카르마 라인까지의 부피를 비교하면 얼마나 될까요? 4퍼센트가 채 안 돼요. 지구를 둘러싼 대기가 끝없는 것 같지만, 실은 매우 얇답니다.

11) 300만 년 전 최초의 인간이 올려다본 우주

루시라고 불리는 화석은 1974년에 미국의 고인류학자가 지금의 에티오피아 지역에서 발견했어요. 인류의 시작이라고 현재까지 인정받고 있는 오스트랄로피테쿠스 아파렌시스 종의 여성 화석이죠. 뼈의 구조로 직립보행을 했음을 알 수 있어요. 루시는 가장 오래된 인류의 조상이자 최초의 인류 여성으로 인정받고 있어요.

주제 6

원자력

원자력과 재생에너지는 함께할 수 없을까?

안녕하세요, 이야기꾼입니다. 마지막 이야기는 '원자력'입니다. 오래 묵은 이야기인 만큼 여러 다른 목소리가 있습니다. 입장 차이도 크고, 논쟁점도 여러 가지예요. 하지만 바로 그 켜켜이 쌓인 이야기 속에 해법이 숨어 있지요. 서로의 이야기에 귀 기울일 때 지구와 지구 위에서 살아가는 모든 우리가 '희망'이라는 길을 찾을 수 있을 거예요.

이야기 하나, 글래스고의 파란셔츠들

이야기꾼을 따라오세요. 2021년 11월 COP26 회담이 열렸던 영국의 글래스고 회의장으로 갈 거예요. 회의장에 부스를 차려 놓은 국제원자력기구(IAEA)의 이야기도 들어 보고, 회담장 밖에서 만난 청소년들의 이야기도 들어 보려 해요.

이곳은 서울 코엑스(COEX) 전시관하고 아주 비슷하네요. 넓은 홀에 칸막이를 하고 여러 캠페인들이 진행되고 있어요. 아, 저기 파란색 셔츠를 입은 사람들이 모여 있네요. 셔츠 뒷면에 '곰 모양 젤리 1개 정도의 우라늄(약 1그램)은 석탄 1톤의 에너지를 대신할 수 있다'라는 내용의 그림이 그려져 있어요. 이들이 운영하는 부스에는 '기후를 위한 원자력'이라고 크게 쓰여 있어요. 또 다른 벽에는 '함께해요 깨끗한 에너지의 미래'라는 문구도 보이네요.

와, 엄청 크고 귀여운 곰돌이 풍선이 서 있어요. 아마도 기후위기에 어려움을 겪고 있는 북극곰을 구하려면 반드시 원자력이 필요하다는 의미로 곰이 등장한 것 같아요. 북극곰 몸통 이곳저곳에 원자력을 상징하는 방사선 문양이 그려져 있네요. 이곳은 국제원자력기구에서 운영하는 홍보관이에요. 그냥 '파란셔츠들'이라고 부를게요. 국제원자력기구는 너무 재미없는 말 같아서요.

마침 이 원자력 홍보관은 일본관 부근에 자리하고 있어요. 일본관에서는 2011년 동일본 대지진과 후쿠시마 원자력발전소 사고를 소개하고 있어요. 사고 이후 10년 동안 환경 복원을 위해 많은 노력을 했고, 그래서 지금 후쿠시마는 안전하다는 것을 선전하고 있어요. 탐스러운 살굿빛을 띠는 후쿠시마산 복숭아 사진이 먹음직스럽게 보이기까지 하네요.

파란셔츠들은 원자력을 빼놓고는 기후 위기를 해결할 수가 없다는 내용을 열심히 홍보하고 있습니다. "원자력은 깨끗하다. 탄소 중립을 위해서는 원자력이 필요하다."라고 설명하지요. 폐기물 처분장 이야기는 빠져 있네요. 질문을 했더니 아직 그 부분은 고민이라고, 함께 고민해 보자고 합니다.

파란셔츠들 중 한 명인 음쏨베니는 '기후를 위한 원자력 남아프리카공화국 지부'를 창립한 젊은 여성이에요. 그는 아프리카에서 온 부스를 중심으로 돌아다니며 아프리카를 위해 원자력이 왜 필요한지를 열심히 설명하고 있어요. 그의 대화법은 독특해요. 먼저 질문을 던지고 그 질문의 답을 가지고 이야기를 풀어 나가죠.

이번에도 음쏨베니가 먼저 말을 거네요.

"국민들 중에서 몇 사람이나 전기를 공급받나요?"

"음, 35퍼센트 정도입니다."

"저는 아프리카 사람이고, 또 아프리카를 열렬히 사랑하는 사람이에요. 저는 아프리카 국민들이 정부로부터 그들의 기본적인 생존권을 보장받을 권리가 충분히 있다고 생각해요. 그중 가

장 중요한 것이 전기겠지요. 전력 공급은 주로 어떤 발전에서 나오나요?"

"대부분은 석탄과 가스입니다."

"아시겠지만 남아프리카공화국에는 원자력발전이 있어요. 전력망에 가장 안정적이고 가장 저렴하게 기본적인 전력을 공급할 수 있는 게 원자력입니다."

"저도 동의합니다. 저는 과학자입니다. 여기 우리 나라 대통령이 참여했는데 이 이야기를 들었으면 좋겠어요. 아프리카의 산업화에 전력은 가장 큰 문제예요."

음쏨베니가 이번에는 나이지리아 부스로 갔군요. 이번에도 음쏨베니가 먼저 질문을 던집니다.

"나이지리아에서는 국민의 몇 퍼센트가 전력을 공급받고 있나요?"

"수준에 따라 달라요."

"어떤 수준이요?"

"얼마나 자주 전기를 공급받느냐죠."

"저는 남아프리카공화국에서 왔어요. 우리나라는 대부분의 전력을 석탄발전소에서 공급해요. 5퍼센트 정도가 원자력이고요. 태양광이나 풍력도 있어요. 하지만 전력망에 안정적으로 전력을 공급할 수 있는 건 원자력과 석탄뿐이에요."

"네, 네."

"제가 1주일 전 남아공을 떠나올 때 거의 1주일 동안 해를 볼 수 없었어요. 태양광은 한계가 있어요. 아프리카를 산업화하려면 우리에겐 더 많은 전력이 필요하잖아요?"

"그렇죠. 그게 가장 중요한 문제죠."

아, 이번에 그는 독일 환경부 장관이 인터뷰하는 곳으로 갑니다. 아마도 장관의 인터뷰가 끝나기를 기다려서 대화를 시도해 볼 모양이에요.

"장관님, 질문이 있습니다. 장관님은 청정에너지로의 에너지 전환을 이야기하셨는데요. 그렇다면 왜 석탄화력발전소를 멈추는 것이 아니라 원자력발전소 가동을 중단했나요?"

"음, 다른 견해들이 많다는 것을 알고 있습니다. 우리는 원자력이 지속 가능한 에너지인지에 대해 매우 회의적입니다. 그래서 독일 국민들은 2022년까지 원자력발전을 완전히 중단하기로 합의를 보았습니다. 이 결정은……."

음쏨베니가 중간에 장관의 말을 끊었습니다.

"장관님은 그 결정이 앞으로 변경될 여지가 있다고 보시나요?"

그의 적극적인 말만큼이나 장관의 대답도 단호합니다.

"없습니다."

오후가 되자 원자력에 진심인 '파란셔츠들'이 모두 한자리에 모였어요. "탄소 중립을 이루기 위해서는 원자력이 필요하다."라고 적힌 큰 현수막을 앞에 두고 기념 촬영을 하고 있어요. 정말 탄소 중립을 위해서는 원자력이 꼭 필요할까요?

이야기 둘, 배우자를 찾습니다

다른 이야기를 들려줄게요. 결혼 정보 회사에서 배우자를 찾으려는 사람이 친구와 나누는 이야기예요.

"내 나이가 벌써 30대 후반이잖아. 늦은 감은 있지만 결혼하기로 결심했어. 글쎄, 미래를 내다보게 되더라고. 하여튼 그래서 결혼 정보 회사를 찾았어. 그렇지. 어느 날 갑자기 운명의 상대를 만나서 하트 뿅뿅할 나이는 아니잖아. 아휴, 그런데 가입비도 비싸더라. 나를 소개하는 프로필을 어떻게 채울까 잠시 고민을 했지. 있는 그대로? 그건 아니야. 누가 이런 곳에서 자기 자신을 있는 그대로 내보이겠어. 어차피 여기를 찾은 사람들은 대형 몰에 전시된 상품이랑 비슷하지 않냐?

진열대에 신발이 여러 켤레 놓여 있다고 생각해 봐. 상품을 소개하는 정보들도 함께 매달려 있어. 당연히 장점을 먼저 극대화해서 소개하고 단점은 가능한 한 아무렇지 않게 스쳐 지나가듯, 무심한 듯, 툭 그렇게 소개해야 하지 않겠어? 단점을 말 안 할 수 있으면 안 하는 게 더 맞고. 물론 나도 그랬어. 그러니까 상대방들도 그랬겠지. 하여튼 거품을 걷어 낼 만한 눈이 있어야 한다는 걸 새롭게 깨달았지. 그래서 누구를 골랐냐고? 눈에 들어온 사람이 두 명 있긴 해. 알았어. 이야기할게."

그들은 누구일까요? 이야기는 계속됩니다.

"한 사람은 자기가 일하고 있는 방면에서 굉장한 능력을 갖추고 있는 것처럼 보였어. 솔직히 나도 나이가 들 만큼 들었으니 그런 조건이 눈에 확 들어오더라. 그런데 쉽게 선택을 할 순 없더라고. 좀 무서워. 너무 돌진만 하다가 벼랑 끝으로 떨어질 것처럼 사나운 성격을 가지고 있어 보였어. '혹시 내가 맘에 들지 않는 행동을 하면 갑자기 무섭게 변하진 않을까?' 그런 걱정까지 들더라니까. 그리고 워낙 능력이 탁월하다 보니 다른 사람들과의 관계가 원만하지 못한 것처럼 보인다고 할까? 여럿이 같이 하는 일보다는 혼자서 일하는 쪽을 선호하더라고.

그런데 연애나 결혼이나 그런 쪽으로는 아주 느려 터진 모양이야. 전에도 여러 명과 교제를 했었나 본데, 진행 속도가 너무 느려서 상대방들이 기다리다 지쳐서 포기한 것 같더라고. 게다가 그 사람이랑 교제하려면 돈도 많이 들 것 같았어. 격에 어울리려면 나도 좀 가진 게 있어야 하고, 치장도 격식 있게 해야 하잖아. 그러다 보면 씀씀이가 헤퍼질 것 같아. 그렇지? 내가 머뭇거릴 만하지? 힘센데 느리고 비싸고. 그래서 끝이냐고? 아니지. 한 사람 더 있다고 했잖아."

그는 잠깐 숨을 돌리고 이야기를 이어 갑니다.

"이 사람은 뭐랄까, 처음 이야기한 쪽과는 많이 달라. 아주 착하고, 한번 맺은 인연은 절대 배신하지 않을 것 같더라. 평생을 배신하지 않고 같이 갈 사람. 진짜 검은 머리가 파뿌리처럼 허옇게 될 때까지 절대 변하지 않고 관계를 이어 갈 수 있는 그런 사람 같아. 그런데 순간순간 변덕이 심해. 좋을 땐 한없이 좋은데 갑자기 잠수 타서 감감무소식이 되고, 또 언제 그랬냐는 듯 잘해 주고. 한참 좋아지는데 갑자기 연락도 안 되고 찾기도 힘들면 기분이 어떻겠어?

그래도 가끔 잠수를 탈지언정 절대 폭력적이진 않아. 성격이 그렇다 보니 이쪽은 단번에 결정적으로 크게 성공할 사람은 아닌 것 같아. 그 대신 평생에 걸쳐 조금씩 조금씩 나아지겠지. 그러다 보면 나중에 사랑의 완전체를 이룰 수 있을 것 같긴 해. 너라면 누구랑 결혼하겠니? 난 누구랑 결혼하면 좋을까? 하긴 해야 하는 상황인데 말이야."

여러분은 누가 더 낫다고 생각하나요? 굉장한 능력을 지녔지만 성격이 불같고 다른 사람들과 잘 어울리지 않는 데다, 연애 진도가 너무너무 느리고 함께하려면 돈이 많이 드는 쪽. 이 배우잣감은 원자력발전과 비슷하네요. 한없이 착한데 한 방에 성공할 능력은 적고, 사납게 돌변하거나 절대 배신하진 않지만 자잘하게 변덕이 심해서 이랬다저랬다 하는 쪽은 태양이나 바람의 에너지를 이용하는 재생에너지발전과 비슷합니다.

둘 중 누구와 함께하는 게 좋을까요? 이 이야기는 정말 오래된 논쟁이에요. 이야기꾼 책장의 원자력 논쟁 관련 책들이 세월과 함께 누렇게 바랬을 정도로요. 그런데도 여전히 이 문제는 결정이 나지 않고 계속 현재 진행형이에요. 왜 똑같은 말이 반복되며, 이야기를 끝맺지 못하는 걸까요?

그 이유를 알기 위해 두 사람을 더 만나 볼 거예요. 한 사람은 원자력이 기후 위기의 해결책이라고 이야기하는 연구원입니다. 다른 한 사람은 원자력은 안 된다고 이야기하는 청소년이에요. 둘의 이야기가 끝나면 여러분의 생각은 어느 쪽에 끌리는

지, 왜 그런지 스스로의 힘으로 생각해 보기로 해요.

만남 하나, 탄소 중립을 위한 원자력

파란셔츠들에게 다시 가 봐요. 부스에서 활동하는 청년들 옆에 넥타이를 맨 사람이 보입니다. 국제원자력기구에서 오랫동안 일해 온 정책 자문 위원이지요.

"여기에 걸려 있는 슬로건을 보세요. '기후를 위한 원자력', '우리 함께 미래의 깨끗한 에너지를 만들어요.' 이 말이 우리 입장을 가장 잘 드러내 줍니다. 저는 네 가지를 이야기하고 싶어요. 첫째, 원자력을 공포 괴담으로 몰고 가지 말아야 합니다. 원자력발전소 사고는 극히 드문 일이고, 원자력발전은 안전을 최우선으로 가동되고 있습니다. 지금 우리가 직면한 기후 위기는 무서울 정도입니다. 저는 기후로 말미암은 파국을 막고 싶습니다. 그래서 제가 원자력을 주장하는 것입니다.

체르노빌과 후쿠시마 원전 사고는 저도 잘 알고 있습니다. 그보다 앞서 있었던 스리마일섬 원자력발전소 사고에 대해서도 공부했지요. 이것 말고 또 다른 원자력발전소 사고가 있으면 말씀해 주시겠어요? 없지요. 딱 세 번의 사고입니다. 전 세계에 원자력발전소가 얼마나 많은데[1] 겨우 세 건의 사고로 위험하다 낙인을 찍다니요? 그 세 건도 원자력발전소 자체의 결함이라고 보기는 어렵습니다. 체르노빌과 스리마일섬 사고는 직원의 조작 미숙이 원인이었습니다. 후쿠시마는 규모 9라는 강력한 지진이 원인이었지요. 지진으로 큰 파도가 밀려오는 쓰나미 때문에 발생한 것이었습니다.

물론 사고가 한번 일어나면 엄청난 피해가 생긴다는 것도 잘 알고 있습니다. 하지만 인류는 다시 훌륭하게 재건을 하고 있습니다. 저쪽에 있는 일본관에 가 보십시오. 멜트다운[2]이 일어났지만 잘 극복하지 않았습니까? 게다가 후쿠시마 사고가 일어난 일본이나 체르노빌 사고가 일어난 러시아는 현재 원자력을 가장 열렬히 옹호하고 있는 나라들입니다. 극복 가능하니까 그 나라들이 여전히 원자력발전을 옹호하고 있는 것입니다. 또한 국제연합 원자력위원회 위원장은 '후쿠시마에서 방사능 때문에 사망한 사람은 아무도 없다.'라고 발표했습니다.[3]

지금은 방사능이 문제가 되는 시대가 아니라 탄소가 문제가 되는 시대입니다. 원자력발전은 원자번호가 커서 상대적으로 무거운 우라늄 원자가 외부의 중성자를 만나 쪼개지면서 에너지를 만들어 냅니다. 그러니 탄소가 산소와 만나 연소하는 석탄

이나 석유처럼 이산화탄소가 발생하지 않습니다.

물론 에너지를 만들어 내는 과정에서 알파선, 베타선, 중성자선과 성질이 약간 다른 감마선, 엑스선 등 방사성을 띄는 것들이 만들어집니다. 그래서 원자력발전은 굉장히 두꺼운 철판과 콘크리트로 둘러싸여 있습니다. 정상적인 상황에서는 방사선이나 방사성물질이 외부로 나갈 수 없습니다. 원자력발전 과정에서 안전에 만전을 기울이는 사람들은 누구일까요? 바로 원자력발전소에서 일하는 사람들입니다. 그들은 자신의 안전을 위해서라도 원자력발전소 사고에 철저하게 대비합니다. 그러니 원자력을 공포 괴담으로 몰아가는 분위기는 바람직하지 않습니다."

그는 이런 이야기를 한두 번 해 본 게 아닌 듯, 매끄럽고 능숙하게 이야기를 풀어 나갑니다.

"두 번째로 원자력발전은 하나의 발전소가 많은 양의 전기를 생산하는 막강한 능력을 갖추고 있다는 이야기를 하고 싶습니다. 원자력은 편안하고 안정적일 뿐만 아니라, 인류의 영원한 성장과 미래의 번영을 약속하는 슈퍼파워 에너지예요.

기후 위기를 막는 가장 간단한 방법이 무엇인지 아세요? 모든 것을 멈추는 것입니다. 공장 가동을 중단하고, 자동차와 비행기와 선박을 멈추고, 소고기도 그만 먹고, 천연가스 채굴도 멈추고, 석탄과 천연가스와 석유를 때는 발전소들도 전부 멈추는 것입니다. 이것이 무엇을 의미하는지 아십니까? 성장을 멈추는 것입니다. 성장이 멈춘 사회, 과연 행복할까요?

성장이라는 거창한 말을 하지 않아도 됩니다. 사람들은 난방이나 냉방이 잘되는 집이나 학교 또는 사무실에서 지내고 싶어 합니다. 빠른 속도로 이 도시에서 저 도시로 이동하고 싶어 하고, 방금 출시된 신제품을 갖고 싶어 합니다. 그런데 다행히도 이산화탄소를 배출하지 않으면서 현재와 같은 에너지 사용을 가능하게 만드는 게 바로 원자력입니다. 원자력발전은 태양광이나 풍력보다는 발전량과 비교해 이산화탄소 배출량이 적습니다.[4] 기후변화를 일으키지도 않으면서 문명을 추동하고 유지하는 데 결정적인 기여를 하고 있습니다. 원자력발전은 과학기술이 이룩한 놀라운 업적이고 우리 인류 문명의 상징입니다.

물론 시대가 바뀌었으니, 원자력발전도 바뀌어야지요. 세 번째로 할 이야기가 바로 변화에 대한 것입니다. 원자력발전은 혁신하고 있습니다. 원자력발전소를 지으려면 비용 부담이 크고 시간도 오래 걸립니다. 저개발 국가들이 원자력발전을 쉽게 시도하지 못하는 이유이지요.

이런 문제를 해결할 방법은 무엇일까요? 바로 작은 원자로입니다. 발전 용량과 크기가 작고 모듈로 이루어진 소형 모듈 원자력발전소(SMR, Small Modular Reactor)가 그것이죠. 소형이기 때문에 총 건설 비용이 싸집니다. 소형이기 때문에 발전소를 짓는 데 걸리는 공사 기간도 짧아집니다. 공장에서 밀키트처럼 거의 완제품 형태로 원자로가 만들어지기 때문이죠. 운반해서 설치할 장소에다 세우기만 하면 돼요. 그리고 만에 하나 어쩔 수 없는 상황에서 사고가 발생해도 규모가 작으니까 그에 따른 피해도 적을 것이고, 사고가 난 원전을 수습하는 작업도 전처럼 수십 년이나 걸리진 않을 거예요. 이건 정말로 만약에 혹시라도 사고가 발생한다는 가정하에 하는 말입니다."

사고라는 대목에서 그는 '만약'이라는 단어에 특히 힘을 주어 말했습니다.

"또, 소형 원자력발전인 SMR에는 탁월한 점이 하나 더 있습니다. 최근 태양광발전이나 풍력발전에 드는 비용이 낮아지면서 발전 용량이 늘어나고 있습니다. 때로 송전선에 무리가 갈 정도지요. 그러다 보면 허용 한계를 넘어서 전력이 끊길 수 있습니다. 전력이 사라지는 블랙아웃은 엄청난 경제적 손실을 가져오기 때문에 1분 1초도 전력이 끊기게 해서는 안 됩니다.

그래서 지금은 원자력발전에서 생산하는 양을 고정해 놓고

태양광발전이나 풍력발전을 멈추고 있지요. 앞으로는 원자력발전도 손쉽게 멈추거나 조절할 수 있어야 합니다. TV를 볼 때 볼륨을 조절하듯이 말입니다. 그런 작업이 과거의 대형 원자력발전에서는 어려웠지만, SMR에서는 가능해집니다. 심지어 필요하다면 원자력발전을 아예 멈추었다 다시 가동하는 일도 가능할 거예요.

물론 SMR의 경제성을 의심하는 사람들도 있습니다. 솔직히 따지면 SMR의 건설 비용은 저렴해도 전체적으로는 경제적 손해가 발생하는 게 맞아요. 의아해하실 수 있겠지만, 아주 단순한 논리입니다. 물 한 병을 사는 상황을 생각해 보세요. 2리터짜리 물 한 병은 보통 1,200원이지만, 그 4분의 1크기 생수는 약 600원이죠. 가성비만 따지면 큰 게 낫지만, 작은 건 600원만 있어도 물을 사서 손쉽게 들고 다니며 언제든 갈증을 해결할 수 있잖아요?

SMR의 경제성도 마찬가지 논리입니다. 예를 들어 800메가와트 원자로와 200메가와트 SMR 4기를 비교해 볼까요? 둘 중 어느 쪽을 건설할 때 콘크리트와 철근이 덜 들어갈까요? 또 어느 쪽 원자로가 가동인력이 덜 필요할까요? 800메가와트 한 기가 200메가와트 4기보다 더 경제적이겠죠. 안타깝지만 SMR이 현재 전력을 바로 생산할 만큼 기술이 자리를 잡지 못한 건 사실입니다. 하지만, 그건 단지 시간과 약간의 경제적 조건의 문제일 뿐입니다.

기후 위기에 처한 지구에서 탄소 중립을 이루려면 발전뿐만 아니라 여러 산업에서 화석연료를 대체해야 합니다. 철강 산업이나 시멘트 제조 산업에 필요한 대량의 열을 생산할 에너지가 필요합니다. 또 미래 청정 연료로 수소가 떠오르고 있는데, 이를 항공기나 선박에 사용하려면 대량으로 수소를 생산하기 위한 에너지도 필요해요.

그런데 우리는 이미 그런 에너지를 가지고 있어요. 지금 바로 사용할 수도 있죠. 전 세계에서 현재 가동 중인 수백 기의 원자로가 바로 그것입니다. 게다가 모든 원자로가 후쿠시마 원전 사고 이후로 사고를 예방하고자 안전 관리를 더더욱 철저하게 하고 있어요. 연구 중인 기술이 아니라, 미래에 가능한 기술이 아니라, 현재 가동 중인 수백 기의 원자로의 수명을 연장해 운영하기만 하면 됩니다. 경제적으로도 이득이고, 안전 면에서도 이미 보장되었죠.

제가 마지막으로 하고 싶은 이야기가 바로 이거예요. 우리에겐 기후 위기와 에너지 문제를 해결할 방법이 있어요. 우리가 가진 원자력발전소의 수명을 연장해 운영하는 것. 그것이 가장 경제적이고 가장 안정적인 방법입니다."

만남 둘, 저는 원자력을 반대하는 청소년입니다!

원자력에 강한 확신을 가진 연구원의 이야기, 잘 들어 보았나요? 이제 회담장 밖으로 나가 봅시다. 글래스고 거리에서는 많은 시민과 청소년들이 모여서 기후 위기를 막을 제대로 된 성과를 내라고 촉구하면서 집회를 하고 있어요. 영국 남부 지역에 사는 청소년 미첼 베이커[5]는 글래스고에 도착하기 위해 12일이나 자전거를 타고 달렸다고 합니다.

미첼은 얼굴을 절반이나 가릴 만큼 큰 안경을 쓰고 있었어요. 머리를 야무지게 묶고서 가지런한 치아를 드러내며 웃고 있었지요. 수줍음이 묻어나는 웃음을 뒤따라 이유를 알 것 같은 긴장감이 새어 나왔습니다. 왜 자전거를 타고 왔냐는 이야기꾼의 질문에 미첼은 다음과 같이 이야기를 시작합니다.

"저는 지금 국제회의에 참석하는 각 국가의 정책 결정자들보다 지구에서 살아갈 날이 더 많고, 꼭 하고 싶은 이야기도 있어요. 그래서 먼 거리였지만 자전거를 타고 왔어요. 기후 위기 시대에 비행기나 자동차의 대안이 무엇인지 보여 주고 싶었거든요. 불가능한 게 아니라 신념의 문제라는 걸 행동으로 먼저 증명하고 싶었죠."

이야기꾼이 하고 싶은 이야기가 무엇인지 물었어요.

"제가 하고 싶은 이야기는 원자력에 관한 거예요. 누구나 다 아는 사실이죠. 바로 원자력은 위험한 기술이라는 거예요. 왜 이렇게 오래 묵은 이야기가 여전히 계속되고 있는지 잘 이해가 되지 않아요, 솔직히. 기후 위기를 피한다는 건 지구가 오래도록 생태계의 평화를 유지한다는 거예요. 위험 요소들을 가능한 한 제거해야 평화가 유지되는 건 너무나 당연하죠. 만약에 독성이 10만 년이나 계속되는 위험한 물질을 매우 안전하다고 생각되는 통에 넣은 다음 그걸 자기 집 거실에 두고 있으라고 하면 누가 그렇게 할까요? 회담장의 관료들 누구도 그러지 않을 거예요. 세상 어느 누가 '100퍼센트 안전'을 말할 수 있겠어요?

이미 체르노빌, 후쿠시마에서 엄청난 사고를 경험했어요. 그 사고를 통해 원자력 기술이 인류와 함께하기에는 너무 위험이 큰 기술이라는 것을 전 세계 사람들이 다 알게 됐죠. 그런데 왜 다시 원자력이 대안이라는 주장을 하는 걸까요? 체르노빌이나 후쿠시마의 현재 모습은 어떤가요? 체르노빌에 사람이 다시 살게 되었나요? 후쿠시마에서는 사고가 난 원자로의 연료봉을 제거했나요? 아니잖아요. 아직 손도 못 대고 있고, 이러지도 저러지도 못하면서 이제는 방사능에 오염된 물을 태평양 바다에 흘려보내겠다는 말까지 하고 있어요.

제가 원자력을 반대하는 가장 큰 이유는 위험 때문이에요. 본래도 원자력발전 기술은 위험한 기술이지만, 기후 위기로 이 위험은 더 커지고 있어요. 최근에는 기후 위기가 점점 심해지면서 태풍도 강력해지고, 해수면도 상승하고 있어요. 후쿠시마 원전 사고는 강력한 지진으로 쓰나미가 일어나서 생긴 사고잖아요? 그런데 쓰나미는 지진으로만 생기는 건 아니에요. 해수면이 상승하고 게다가 바닷물의 온도가 올라가면서 슈퍼 태풍이 발생하면 그에 따른 쓰나미도 걱정해야죠.

이런 극단적인 예가 아니더라도 원자력발전소는 모두 바닷가

나 강가에 있어요. 냉각수가 필요해서라고 하더라고요. 그러니 홍수가 나서 강물이 급격하게 불어나면 더 위험해지겠죠. 반대로 가뭄이 들어서 강물이 줄어들면 당장 냉각수가 부족해질 수도 있고요.

이것뿐만이 아니에요. 원자력발전소의 원자로를 냉각시킨 뒤 배출되는 물의 온도가 대략 30도 정도인데, 가뭄이 들어 물이 많이 줄어든 강에 이 정도의 따뜻한 물이 배출된다면 그 강에 사는 생물들은 어떻게 되겠어요? 폭염 때는요? 폭염으로 기온이 올라가면 원자로가 있는 두꺼운 콘크리트 건물의 내부 온도가 치솟겠죠. 격납 건물의 온도가 50도까지 올라가면 위험하다고 해요. 기후 위기의 시대에 원자력은 안전은커녕 더욱 위험한 기술이 되고 있어요."

미첼은 정말 하고 싶은 말이 많은 듯 보였습니다.

"원자력에 대해 두 번째로 경제적인 이유를 이야기하고 싶어요. 과거에는 원자력이 더 경제적이라고 말했어요. 햇빛이나 바람으로 전기를 만드는 비용은 적지 않게 드는데 생산하는 전기는 적다고요. 그래서 한 번에 많은 양의 전기를 생산하는 원자력이 발전 단가[6]가 싸다고 했어요. 하지만 원자력은 더 이상 저렴한 에너지원이 아니에요.

이제는 태양광 패널의 가격이 급격하게 낮아지고 있어요. 미국이나 프랑스, 중국, 인도에서는 이미 원자력발전 가격과 비슷하거나 더 낮아졌다고 해요. 풍력도 기술이 많이 발전했고요. 미국과 영국에서 계산한 2022년 발전 단가는 원자력이 가장 비싸고 태양광, 풍력순으로 낮다고 해요. 태양광과 풍력의 전기 생산량이 너무 많아서 오히려 발전기를 강제로 멈추어야 한다고도 하더라고요.

이렇게 세상이 바뀌었는데도 왜 원자력을 계속 주장하는지 저는 이해를 할 수 없어요. 원자력발전소가 수명을 다하면 폐쇄하겠죠? 그런데 폐쇄를 했다고 해서 방사능이 사라지는 건 아니잖아요. 그곳은 최소한 100년, 길게는 10만 년 이상을 모든 것으로부터 단절되고 모든 것이 멈춘 채 버려져야 해요. 새로운 원자력발전소를 더 짓는다는 건 지도상에서 오랫동안 지워 버려야 하는 폐기되는 땅을 더 만드는 일 아닌가요? 지금 시대 사람의 편리함을 위해 미래의 사람들에게 위험을 떠넘겨 버리는 거예요. 무책임은 이런 걸 두고 하는 말이라고 생각해요."

살아온 날보다 살아갈 날이 훨씬 더 많기 때문일까요? 미첼은 미래에 대한 책임감이 강한 것 같아요.

"원자력은 당장의 기후 위기를 막기에는 너무 느려요. 기후 위기를 막으려면 10년 안에 탄소 배출량을 50퍼센트까지 줄여야 해요. 그런데 원자력발전소를 짓는 데 얼마나 걸리는지 아세요? 평균 10년이에요. 누가 자기 집 근처에 원자력발전소가 들어서길 원하겠어요. 그래서 원자력발전은 부지를 선정하는 데 많은 어려움을 겪고 있잖아요. 요즘 이야기하는 SMR을 건설한다면, 더 많은 부지를 찾아야 해요. 발전 용량이 일반 원전과 비교해 약 4분의 1 정도라면, 4배나 더 많은 원전 부지를 찾아야 한다는 이야기 아닌가요? 그 많은 땅을 어디에서 찾을 건가요? 또 원자력발전소를 지으려면 막대한 자금이 들어가야 해요. 원자력발전은 정부 지원금이 없다면 경제적으로 이익을 낼 수 없는 구조가 되어 가고 있어요.

얼마 전에 파산 신청을 낸 미국의 원자력발전소를 아세요? 2008년에 웨스팅하우스와 사우스캐롤라이나주의 전력 회사들이 추진한 서머원전(VC Summer) 건설 사업이요. 미국 정부의 에너지 정책 법에 따라 2020년까지 준공되는 원전에 대해 약 1조 6200억 원의 세제 혜택을 받을 수 있었죠. 그런데 서머 원전은 2020년까지 완공되지 못하고 계속 공사 기간이 연장되었죠. 그러면서 건설 비용이 12조 9000억 원에서 28조 1000억 원으로 늘어나 버렸어요. 이런 상황에서 세제 혜택을 더 받지 못하게

되니까 회사가 발전소 건설을 포기한 거예요.[7]

그런데 신규 원자력발전소 건설이 현실적으로 어려워지자, 기존의 원자력발전소의 수명을 연장해 운영해야 한다고 주장하는 사람들이 있어요. 음식물에 왜 유통기한, 소비 기한 같은 한계를 정해 놓을까요? 식품 안전을 위해서죠. 원자력발전소를 지을 때도 수명이 정해져 있어요. 유통기한처럼 안전을 위해서죠. 물론 유통기한이 지난 음식을 먹는다고 다 병에 걸리는 것은 아니에요. 또 조금 변질된 음식도 재가열하거나 하면 먹을 수는 있겠죠. 하지만 그건 최선의 선택이 아니라 어쩔 수 없는 경우 최소한으로 선택해야 하는 방법 아닌가요? 원자력발전에서 가장 중요한 건 안전이에요. 안전을 위해 정해 놓은 원자로의 수명을 지금 문제가 없다고 30~40년이나 더 연장해서 사용하자는 건 심각한 문제를 스스로 자처하는 꼴이라고 생각합니다."

미첼이 콧등으로 내려온 안경을 밀어 올리며, 마지막으로 꼭 하고 싶은 이야기가 있다고 합니다.

"원자력발전을 하면 엄청난 핵폐기물이 나와요. 이걸 도대체 어디에 어떻게 보관하려고 하나요? 고준위 핵폐기물 처분장을 건설하고 있는 곳은 전 세계에서 딱 하나, 핀란드뿐이에요.[8] 그나마 가장 안전하다는 깊은 땅속에 완벽하게 밀폐된 채로 묻을 수 있는 곳을 마련한 게 그 한 군데죠. 유럽에만 150여 개나 되는 원자로가 있어요. 거기에서 나오는 핵폐기물들은 아직 어떻게 할지 정하지도 못한 상태예요. 그런데 또다시 신규 원자로를 짓는다는 건 우리 청소년들이 살아갈 미래는 어찌 되든 상관없다는 생각일까요?

한국에도 중저준위 방사성폐기물 처분장이 있다고 들었어요. 처분장 부지를 선정하기까지, 또 건설하고 폐기물을 처리하기까지 아마 많은 비용과 사회적 합의가 필요했을 거예요. 그런데 거기에서 처분하는 게 뭔지 아세요? 방사성물질에 덜 오염된 것들, 그러니까 노동자들이 사용했던 의복이며 장갑, 각종 도구와 같은 것들이에요. 그런 것들을 처리하는 데도 이토록 어려움이 큰데, 다 쓴 핵 연료봉 같은 건 어떻게 처리할 건가요? 10만 년 넘게 계속 방사능을 뿜어낼 폐기물을 안전하게 처리하는 방법이 세상에 있긴 한가요? 사고가 날 확률이 낮으니 안전하다고요? 그저 모든 걸 확률에 의지하는 로또 뽑기로 생각하는 것 같아요. 그러다 사고가 나면요? 원자력발전소 사고는 그곳 사람들의 일생과 모든 것을 앗아가 버리고 넓은 지역에 걸친 방사능 오염으로 많은 이들에게 고통을 주잖아요.

기후 위기가 점점 더 심각해지고 있어요. 우리에게 시간이 얼마나 있을까요? 과학자들은 최악의 상황을 막기 위해서는 2050년대엔 탄소 중립을 이루어야 한다고 해요. 지금 우리가 사는 세상은 화석연료를 태우고 이산화탄소를 뿜어내며 세워진 문명이에요. 대기에 추가로 배출되는 이산화탄소가 더 이상 없어야 한다는 건 세상이 뒤집히는 것 같은 변화를, 그것도 몇십 년 안에 만들어야 한다는 말이에요. 가능한 모든 방법으로, 할 수 있는 한 빠르게 바꾸어야 해요.

하지만 원자력은 어떤가요? 발전소를 건설하는 데도 적지 않은 시간이 걸리지만, 어디에 지을지 장소를 정하는 데도 시간이 많이 걸려요.[9] 원자력발전소가 건설되는 속도는 느림보 거북이 같아요. 그러니 '기후변화를 막기 위해'라는 말은 성립이 될 수 없죠. 원자력은 느리고, 비싸고, 위험합니다."

'그리드'라는 거미줄에 올라타기

박사님의 이야기와 미첼의 이야기는 두 세계를 대표합니다. 오랜 대립의 역사를 가진 원자력 찬성과 원자력 반대라는, 두 세계의 이야기죠.

기후변화를 막기 위해서는 대기 중의 탄소 배출을 줄여야 해요. 탄소를 뿜어내지 않는 에너지원으로 바꿔야 합니다. 태양광이나 바람 같은 재생에너지나 원자력에너지가 그것이죠. 에너지전환이라는 대대적인 변화를 만들어야 하는 건 절대 쉽지 않은 일이에요. 그런데 궁금하지 않나요? 탄소 배출을 줄이기 위해 반드시 둘 중 하나를 선택해야 하는 이유가 있을까요? 재생에너지와 원자력에너지, 두 개가 같이 가면 안 되는 걸까요? 이야기꾼이 가진 이야기를 조금 더 풀어놓을 테니, 계속 생각을 이어 가 봐요.

원자력에너지와 재생에너지, 이 둘은 함께 갈 수 없다는 의견이 있어요. 재생에너지는 전기를 변함없이 일정하게 생산할 수 없죠. 날씨와 시간대에 따라 발전량에 변덕이 있습니다. 그래서 원자력발전과 재생에너지를 이용한 발전은 함께할 수 없다고 이야기를 해요. 왜냐면 원자력발전은 출력을 쉽게 조절할 수 없고, 발전소 스위치를 껐다 켰다 하는 것도 어렵거든요.

우리나라는 2030년까지 신재생에너지가 전체 발전량의 25퍼센트를 차지하게 될 거예요.[10] 그런데 발전량은 그냥 발전소를 짓기만 한다고 늘어나는 건 아니랍니다. 전기는 어떻게 우리에게 올까요? 전기를 생산한 곳에서 사용하는 곳으로 전달하는 송전과 배전망, 그러니까 전깃줄이 온 나라에 촘촘하게 연결되어 있어 그걸 타고 와요. 마치 거미줄같이요. 거기에는 태양광, 석탄 화력, 원자력 등 모든 발전소가 연결되어 있죠. 이것이 송전망이랍니다. 흔히 '그리드'라고 부르죠.

비유를 한번 해 볼까요? 이야기꾼이 사는 동네에는 실외 수영장이 여러 곳 있어요. 계곡을 끼고 있어서 파이프로 연결해 수영장에 물을 채워 운영하죠. 그런데 수영장 물을 계곡물로만 채울 수는 없어서 대형 상수도관도 연결되어 있어요. 당연히 수돗물보다 계곡물이 좋죠. 요금도 내지 않고, 소독약도 안 푼 자연에서 온 물이니까요.

하지만 수영장은 물 높이가 항상 일정해야 해요. 비가 많이 온 날에는 계곡에서 물이 콸콸 쏟아져 들어오지만, 비가 오지 않는 날이 계속되면 계곡과 연결된 파이프에서는 물이 적게 들어와요. 그러니까 수영장에 물을 알맞게 채우려면 신경을 많이 써야 해요. 계곡물이 들어오는 양에 따라 대형 수도 파이프를 열었다 잠갔다 해야 할 테니까요. 그런데 만약 대형 수도 파이프가 수시로 열었다 잠갔다 할 수 없는 구조라면 어떻게 될까요?

지금 원자력과 관련된 논쟁 중 하나는 수영장 물 채우기 문제와 아주 비슷해요. 재생에너지는 계곡물, 원자력은 대형 상수도 파이프로 볼 수 있죠.

기술 발전과 기후 위기로 재생에너지 시장이 확대되면서 가격이 저렴해졌어요. 그런데 재생에너지는 시간대에 따라 발전량에 차이가 커요. 태양광은 햇빛이 비치는 낮에 많은 양의 전기를 생산하고, 밤이 되면 생산을 못 하죠. 풍력발전은 지역에 따라 바람이 많이 부는 시간대가 다르고요. 이렇게 변화가 많아서 자칫하면 송전선이 감당할 수 있는 최대용량을 넘겨 블랙아웃이 올 수 있어요. 전력을 딱 맞게 생산하려면 여러 발전소들의 가동 비율을 늘렸다 줄였다 조절해 줘야 해요. 컴퓨터로 제어를 하니까 발전 설비만 가능하다면 조절하는 것은 크게 어렵지 않습니다.

문제는 애초부터 전기 생산량을 늘렸다 줄였다 하기 쉽지 않은 발전소입니다. 바로 원자력이에요. 원자력발전은 우리가 TV 볼륨을 키웠다 줄였다 하는 것처럼 전기 생산량을 쉽게 조절하기 어려워요. 예를 들어 매우 큰 배가 항구를 출발해 서서히 속력을 높이고 있는데 갑자기 앞에서 작은 배가 나타났다고 급정거를 할 수 있는 건 아니거든요. 또 원자력의 경우 핵분열을 하고 있는 연료봉을 둘러싼 환경이 이랬다저랬다 하면 안전성에도 무리가 가는 건 당연한 일이겠죠. 게다가 원자력발전소를 만드는 데 들어간 비용이 많기 때문에 전기를 많이 만들어 팔아야 손해를 보지 않고 이윤을 남길 수 있어요. 그렇다 보니 원자력은 많은 양의 전기를 일정하게 지속적으로 생산해야만 해요.

원자력발전 비중이 높은 프랑스는 많은 노력과 경험으로 원자력발전소의 전기 생산량을 늘렸다 줄였다 하고 있어요. 하지만 미국, 일본, 우리나라는 원자로 자체의 설계 구조가 다르고, 설계 당시에 이런 기능이 있었어도 한 번도 사용해 본 적이 없어요. 한국수력원자력공사도 국회에서 우리나라 원전 24기는 전기 생산량을 늘렸다 줄였다 하는 게 불가능하다고 발표했어요. 하지만 다음과 같이 주장하는 과학자나 정치인도 있어요.

"불가능하지 않다. 가능한 기종이 있는데 왜 시도를 하지 않느냐? 2050년이 되면 수명이 다한 원자로들이 늘어나 우리나라에 원자력발전소가 10기밖에 남지 않는다. 그럴 경우 전체의 95퍼센트나 되는 전력을 재생에너지로 다 채워야 하는데, 그렇게 급격하게 재생에너지를 늘리기는 어려우니 신규 원자력발전소를 건설해야 한다."

또 다른 입장을 가진 과학자들은 이렇게 말해요.

"현재는 원자력발전소에서 생산하는 전력을 우선 공급하는데, 차츰 이를 줄이고 재생에너지로 생산하는 전력을 우선 공급

해야 합니다. 재생에너지 발전량이 일정하지 않아 생기는 어려움은 가스화력발전소에서 생산하는 전력으로 채우는 거죠. 석탄화력발전소와 달리 가스화력발전소는 손쉽게 발전 용량을 조절할 수 있고, 껐다 켰다 할 수도 있어요. 이산화탄소 배출량도 적죠.

물론 가스화력발전소도 화석연료이므로 언젠가는 폐지해야겠죠. 그러려면 재생에너지가 전력을 많이 생산하는 시간대에 남는 에너지로 수소를 생산하거나, 이를 대용량 배터리에 저장하는 기술이 정착되어야 해요. 그렇게 되면 원자력 없이 재생에너지만으로도 전력 공급이 충분히 가능할 것입니다."

사실 제주도에서 바람이 쌩쌩 불어도 풍력발전기가 멈춰 서 있는 날이 많았어요. 2020년에는 77번이나 풍력발전기를 강제로 정지시켰다고 해요. 이상하죠? 깨끗하고 안전하게 전기를 생산할 수 있는데도 그걸 강제로 중단시켰다니. 사실 어디에서 전기를 얼마나 생산하고 어떻게 분배하는지 법으로 정해져 있어요. 전기가 많이 생산되면 원료가 비싼 것부터 발전을 멈추도록요. 풍력은 원룟값이 들지 않으니 화석연료발전을 먼저 멈추는 것이 맞겠죠. 그런데 제주도는 섬이라는 특수한 조건 때문에 만약의 문제가 생길 것에 대비해 화력발전을 완전히 꺼서는 안 된다는 법이 있어요. 그래서 애꿎은 풍력발전기만 날개를 접었던 거죠. 이것은 제주도만의 문제가 아니겠죠. 앞으로 재생에너지 생산량이 많아지면 제주도와 비슷한 문제가 전국에서 생겨날 수 있어요. 그러니 이에 대한 대책을 마련해야 할 거예요. 제주도는 안정적인 전기 공급을 위해 육지에서 전기를 실어 오는 해저 송전선이 있어요. 예전에는 육지에서 생산된 전력을 제주로 보내는 용도로만 쓰였지만, 새로 건설되는 제3해저 송전선로는 애초부터 양방향 전송이 가능하도록 설계됐다고 해요. 남아도는 제주도의 재생에너지를 육지로 보낼 수 있게 됐죠. 이렇게 송배전선망을 관리하는 규정도 손을 보아야 하고, 송배전선망 자체의 설비도 다시 보강해야 해요. 송전선을 달고 있는 철탑 하나를 세우는 데 걸리는 시간이 최소 10년이라고 하니 장기적인 전망에 따라 발 빠르게 대응해야 할 거예요. 그렇지 않으면 발전 설비는 늘려 놓고 가동도 못 해 보는 일이 생길지도 몰라요. 위기일수록 변화에 빠르게 대처하는 게 중요합니다.

SMR 논쟁, 작은 것이 정답일까?

최근에 원자력발전이 다시 논쟁의 수면 위로 떠오르게 된 데에는 SMR이 역할을 톡톡히 했어요. 작게 사각거리는 소리로 마음을 평온하게 만들어 주는 ASMR이 아니라 SMR이요. 소형 모듈 원전인 SMR은 건설 비용이 너무 비싸고, 사고 위험이 크고, 건설 부지를 찾기 어렵고, 출력 조절이 어려운 원자력의 해결책으로 제안되고 있어요. 이 기술은 작게 만드는 게 핵심이에요. 작게 만드니까 공장에서 거의 모든 걸 찍어 내듯이 제작할 수 있어서 건설 기간과 전체 예산 규모를 줄일 수 있겠죠. 또 작으니까 사고가 나도 피해가 복구 불가능할 정도로 크지는 않을 테고, 작은 규모라서 건설 부지를 찾기도 쉽지 않겠느냐는 거예요.

SMR은 발전 방식에 따라 종류가 다양해요. 2008년 전 세계 석윳값이 많이 올랐을 때 여러 나라에서 연구를 시작해서 국제원자력기구에 따르면 2020년에만 72개나 되는 모델이 개발 중이라고 해요. 사람들은 SMR에 큰 기대를 해요. 하나의 통 안에 모든 것이 들어 있어서 복잡한 배관에서 새어 나오는 방사능이 줄어들고, 냉각수 사용량이 적어서 바닷가나 강가가 아닌 육지에도 지을 수 있고, 용량이 작아서 사고가 나도 원자로 자체가 녹아 버리는 일은 일어나지 않을 거라고요.

하지만 크기가 작건 크건 원자로를 운영하는 사람 수나 운영

비용은 동일한 데다, 작은 원전을 여러 개 지으면 그만큼 인력이 더 필요해서 발전 단가는 대형 원자로보다 2~3배 비싸다고 해요. 작으니까 건설 부지를 쉽게 찾을 수 있다고 하지만, 더 많은 부지를 찾아야 하는 문제점이 동시에 생길 수 있죠. 소형이니까 대형보다는 생산량을 유연하게 조절할 수 있겠지만, 아직 상업용으로 운전되는 SMR이 단 한 개도 없다는 것도 문제입니다. 이제 막 걸음마를 시작한 셈이라, 아직은 지켜보아야 하는 기술인 거죠.

2022년 4월, IPCC 6차 보고서의 세 번째 실무 그룹의 보고서가 발표되었어요. 이 보고서는 기후변화협약에 참가한 모든 국가가 문장의 토씨 하나까지 만장일치로 의결을 하기 때문에 신뢰도가 매우 높아요. 여기에서 비용까지 고려해 10가지 에너지원이 각각 이산화탄소 배출량을 얼마나 효과적으로 줄일 수 있는지 비교했어요. 탄소 배출량을 줄이기 위해 가성비가 좋은 해결책을 정리한 거죠. 비용 대비 배출량 감소에 가장 효과가 큰 것은 태양광과 풍력으로, 1년에 탄소 4기가톤 정도를 큰 무리 없이 줄일 수 있다고 해요. 한편 원자력의 경우 1년에 약 1기가톤까지는 어느 정도 탄소 배출량을 효율적으로 줄일 수 있으나, 그 이상은 비용이 너무 많이 들어서 의미가 없다고 해요. 경제성이 있다는 기존 대형 원자력도 이렇게 평가되고 있는데 소형 원자로가 과연 시장에서 경쟁력을 가지고 살아남을 수 있을지 염려스럽긴 해요.

새로운 기술이 등장할 때는 늘 많은 거품과 함께하죠. 시간이 지나면 거품이 걷히고 제대로 된 모습을 볼 수 있을 거예요. 소형 모듈형 원자로 SMR, 해답이 될 수 있으면 좋겠죠. 사고가 나도 안전한 원전, 값싼 원전, 마음대로 껐다 켰다 할 수 있는 원전, 미래 세대에게 영원히 폐기될 유령의 땅을 떠넘기지 않는 원전이 정말로 가능하다면 말이에요.

듣고 말하고 생각 정하기

이야기꾼입니다. 다음은 내 생각을 정리하고 내 입장을 결정하는 데 도움이 될 질문들입니다. 미래 세대인 우리가 어떤 마음가짐으로 어떻게 행동해야 할지 함께 답을 찾아봅시다.

- 기후변화를 막기 위해 신규 원자력발전소의 건설이 필요할까? 그렇게 생각하는 이유는?
- 원자력발전소를 더 이상 건설하지 말아야 할까? 그렇게 생각하는 이유는?
- 원자력을 계속 사용하는 데 동의한다면, 원자력이 가진 한계를 극복할 수 있는 해결책을 찾아 정리해 보자.
- 원자력 사용을 중단하고 재생에너지 중심으로 에너지 전환을 해야 한다고 생각한다면, 재생에너지가 가진 한계를 극복할 방법을 찾아 정리해 보자.

끝나지 않은 이야기

RADIOACTIVE
waste
warning
SYSTEM CHANGE
NOT CLIMATE CHANGE!
There is NO PLANET B

1) 전 세계에는 얼마나 많은 원전이 있을까?

기후 위기를 극복하려면 화석연료에서 재생에너지나 원자력처럼 탄소가 배출되지 않는 연료로 에너지전환이 필요해요. 원자력은 기후변화를 막는 해법 혹은 필요악일까요? 전 세계에서 현재 상업적 목적으로 가동 중인 원자력발전소는 공식적으로 442개예요. (국제원자력기구 2021년 자료)

2) 3) 멜트다운, 후쿠시마, 원자력발전소 사고

후쿠시마 원전 사고로 원자로가 녹아내리는 멜트다운이 일어났어요. 마리아노 그로시 국제원자력기구 사무총장은 글래스고 COP26 회담에서 "후쿠시마에서 방사능 때문에 사망한 사람은 아무도 없다."라고 말했죠.

4) 원자력 데이터는 입장 차이 데이터?

원자력 관련 데이터는 어디에서 발표했느냐에 따라 천차만별이에요. 2006년 국제원자력기구(IAEA)에서 발표한 자료에 따르면 전력 생산과정 중 킬로와트당 발생하는 이산화탄소량(g/kWh)은 원자력 10, 석탄 991, 수력 8, 태양광 54, 풍력 14예요. 또, 영국 서식스대학교 벤저민 소바쿨 교수가 2008년 〈네이처〉에 발표한 논문에 따르면 원전은 건설, 운영, 폐기 과정에서 66g/kWh의 온실가스가 발생한다고 해요. 태양광의 32g/kWh보다 2배 이상 많고 9.5g/kWh인 풍력보다는 7배 정도 많죠. 미국 스탠퍼드대학교 마크 제이콥슨 교수는 『100퍼센트 청정 재생에너지와 저장 장치(100% Clean, Renewable Energy and Storage for Everything)』라는 책에서 원전은 건설 기간이 길어 그동안 온실가스를 줄일 기회가 사라지기 때문에 그 손실분도 포함해야 한다고 말해요. 그 경우 건설부터 폐기까지 약 78~178g/kWh의 온실가스가 발생한다고 해요.

5) 제시, 달려! 멈추지 마.

이야기 속 미첼은 열일곱 살 제시 스티븐슨을 모델로 만든 가상 인물이에요. 실제로 제시는 영국 남부 데번에 살고 있는데, COP 회담에 참석하기 위해 하루 80~100킬로미터가량을 자전거로 달려 약 12일 만에 글래스고에 도착했어요. 데번과 글래스고는 서울에서 부산까지 거리의 3배만큼이나 멀리 떨어진 곳이에요.

그는 자전거를 타고 글래스고로 오는 내내 마치 롤러코스터를 타는 것 같은 감정 상태를 겪었다고 해요. 응원을 받을 때는 아직 희망이 있다는 생각에 들떴지만, 자전거도로가 마련되지 않은 길에서 난폭한 운전자를 만날 때는 위험을 느꼈고 서글퍼지기도 했죠. 어렵게 도착한 회의장에는 입장이 허락되지 않는 곳조차 있었어요. COP26 회담에는 가까운 유럽에서도 전용기를 타고 오는 국가 정상들이 많았습니다.

6) 원자력으로 전기를 만드는 데 드는 비용

미국의 금융회사(자산 운용사 라자드)는 에너지원별로 발생하는 비용을 모두 동일한 시점으로 환산해 균등한 조건에서 비교해 전력을 만드는 데 드는 비용의 변화를 주기적으로 발표하고 있어요. 이게 균등화 발전비용이죠. 라자드사가 2020년 발표한 자료에 따르면, 2009년 대비 2020년 증감 정도는 원자력 33퍼센트 증가, 태양광 90퍼센트 감소, 풍력 70퍼센트 감소를 나타냈어요.

7) 원자력발전소의 파산

2008년 미국 웨스팅하우스와 사우스캐롤라이나주의 전력 회사들이 추진한 서머원전(VC Summer) 건설 사업은 2005년 조지 부시 미 행정부가 추진해 통과한 에너지 정책법(Energy Policy Act)에 따라 2020년까지 준공되는 원전에 대해 14억 달러(약 1조 6200억 원)의 세제 혜택을 준다는 지원 정책을 전제로 한 것이었죠.

8) 핀란드 고준위 핵폐기물 처분장

핀란드의 발트해 주변 올킬루오토(Olkiluoto) 지역에 작은 동굴을 의미하는 '온칼로'라는 이름의 아주 특별한 인공 동굴이 막 완공되었어요. 지난 1983년 부지가 결정되고 2004년 건설을 시작했으니 거의 40년 만에 완성된 동굴이죠. 이 동굴을 올킬루오토 지역에 만들기로 한 데에는 그만한 이유가 있어요. 이 지역의 지하 온도는 영상 11도 이하로 내려간 적이 없었어요. 심지어 1만 년 전 이 지역에 빙하가 수천 미터의 두께로 쌓였던 빙하기에도 온도는 11도 이하로 내려가지 않았죠. 이 이야기는 앞으로 지상에서 어떤 기후변화가 일어나도 이곳의 온도는 변화 없이 안정을 유지할 것이라는 뜻이에요.

이 작은 동굴 온칼로는 약 2억 년 전에 형성된 화강암 지대 500미터 지하에 건설되었습니다. 이곳에는 그동안 처리하지 못하고 원자력발전소 내부 수조에 보관하고 있던 핀란드의 전력 회사 TVO가 운영하는 원자력발전소 3기에서 배출된 고준위 핵폐기물이 저장될 거예요. 상당량의 방사선이 방출되고, 또 향후 10만 년이나 지속적으로 핵분열이 이루어질 고준위 핵폐기물은 구리 캡슐 3000개에 나뉘어 30개의 갱도에 영원히 봉인될 것입니다. 100여 년에 걸쳐 작은 동굴 온칼로가 가득 차면, 콘크리트로 동굴을 완전히 메울 거예요. 이제 10만 년 동안 이곳은 인류 또는 인류가 사라진 뒤의 어떤 생물 종으로부터도 완전히 격리된 봉인된 땅이 될 것입니다.

온칼로와 같은 고준위 핵폐기물 처분장은 전 세계에 딱 온칼로 한 군데뿐이고, 2022년 1월 27일 스웨덴에서 고준위 핵폐기물 처분장의 건설이 의회에서 이제 막 승인이 되었어요. 스웨덴 정부 관계자는 "우리는 이 책임을 우리 자녀와 손자에게 전가해서는 안 된다. 우리 세대는 우리 쓰레기에 책임을 져야 한다."라고 말했습니다.

9) 원자력발전소를 짓는 데 걸리는 시간

원자력발전소는 어디에 지을지 지역을 찾아본 뒤 지역 주민들과 합의를 하고, 설계하고 건설을 해서 가동하기까지 평균 10년이 걸리고 국가별로 차이도 커요. 가장 빠른 일본의 경우 5년, 최장 기록을 가진 미국의 경우 43년이 걸렸죠. 주로 인허가와 부지 선정을 놓고 사회적 합의를 이루는 시간이 길어 연장되는 경우가 많아요. 현재 개발 중인 SMR의 경우, 건설 기간을 3년으로 단축한다고 해도 사회적 합의를 위한 시간 때문에 시간 단축을 확실히 예견할 수 없죠. 원자력발전소가 없는 폴란드의 경우 2021년 미국 NuScale Power와 77메가와트급 소형 원자로 12개를 계약했는데, 2029년 가동을 목표로 하고 있어요. 실제로 확실하게 줄일 수 있는 기간은 발전 설비 건설 기간인데, 2015년 에너지관리공단 보고서에 의하면 한국형 소형 원자로인 SMART 원자로의 경우 36개월 정도로 약 50개월 걸리는 일반 원자력발전소에 비해 14개월 정도 짧아요.

10) 정부가 바뀔 때마다 흔들리는 원칙

2019년에 발표된 '3차 에너지 기본 계획'에 따르면, 2040년까지 재생에너지 비중을 30~35퍼센트까지 늘리는 것으로 계획되었어요. 그런데 2022년 대통령 선거로 정책의 입장이 달라졌어요. 2021년 기준 29퍼센트인 원자력발전 비중을 2030년까지 35퍼센트 수준으로 끌어 올리겠다고 발표했거든요. 이전 정부보다 원자력 발전 비중이 11.1퍼센트포인트 높게 계획되었죠. 그와 함께 2021년 6.6퍼센트 수준인 신재생에너지 비중은 최대 25퍼센트로, 같은 시점의 지난 정부 계획(30.2퍼센트)보다 낮아요.